U0032282

做自己的職場情緒教練

用Bowen理論
鍛鍊你的高情商

林佳慧｜諮商心理師

林惠蘭｜企業教練、專業講師 —— 著

情緒，關係，我的新人生

江文賢博士｜婚姻與家庭治療博士、心理師

家庭系統理論不僅得以運用在每個家庭，也可以發揮在各個職場上，如今林佳慧心理師及林惠蘭教練將多年的學習與實務經驗統整成這本書，著實要感謝她們對 Bowen 家庭系統理論在華人文化社會推廣的付出與努力。

相信很多人都知道情緒不穩定會影響自己的判斷力和功能表現，但卻不一定都知道人們的情緒會相互影響，並且形成一種可以觀察的人際互動指標。要觀察人際中情緒的流動，就像觀察風的變化一樣，人們無法直接看到虛無飄渺的風，但是透過樹枝搖擺、身體觸感等等的指標，可以察知此刻風勢是強是弱。同樣的，人們也無法直接看到情緒的流動，但透過人際互動的指標，便可以知道關係中情緒強弱的變化，當職場中情緒越緊繃，這些情緒指標也會更明顯。要怎麼學習看懂這些情緒

流動的指標呢？這本書提供了清楚的解說與觀察的方式。

　　林佳慧心理師在心理衛生工作的實務經驗相當豐富，而她過往在工商企業的工作經驗，更是讓她對於職場的敏感度有別於一般傳統心理師，這點可以從她書中所提到的案例或經驗窺見一二；其次，林心理師學習Bowen家庭系統理論多年，她不僅熟悉這理論，也是少數能夠將這系統觀點運用在企業職場的實務工作者。

　　而林惠蘭教練是在企業教練工作實務多年，還在工作之餘接受Bowen家庭系統理論的專業訓練。如今，她們結合自己多年的實務經驗以及對家庭系統理論的理解，撰寫這本相當具有華人特色的家庭系統理論之職場實用書籍。

　　在閱讀的過程中，讓人可以更有架構地思索自己在職場上的各種樣貌，以及彼此之間的相互作用，實踐書上所謂自在與智慧的「自我分化」人生。

　　「自我分化」（Differentiation of Self）一詞源自於生物學上的細胞分化，說明各個細胞得以保有自己的獨特性，同時又能跟不同細胞相互合作，形成一個健康的組織、有機體。自我分化來自於家庭研究的結果，一個良好的組織就像細胞分化所

形成的有機體一樣，彼此各自獨立又合作，讓家庭或組織成為一個功能更好的系統。然而，因為語言翻譯的因素，「自我分化」在華語中總給人一種負向或搞破壞的感覺印象，以至於有些專業人士也誤認為自我分化就是一種西方文化的個人主義。

其實自我分化的概念並無文化差異，其重點在於釐清所處環境的現實關係，然後為自己人生重新做選擇與自我負責而已，在我們東方文化裡也有許多類似這樣的概念，就以孔老夫子的論語來說，所謂君子的定義就是一種高自我分化的概念，例如「君子坦蕩蕩、君子求諸己、君子喻於義、君子和而不同」，以及「君子之德風，小人之德草，草上之風，必偃」。

依序來說，就是分化高的人得以持續保持自己的平靜並且有能力降低自己的焦慮。在關係困境中，能夠看到自己的責任與相互關係，進而重新界定自己的原則與立場，守住自己的本分，即便與他人立場不同也能以彈性方式與之合作共處。如此之結果，分化高的人必能像風一樣，影響人際中的其他人，讓職場上的其他人因風而偃之。

想要理解這個系統的思維，看懂自己與他人之間的相互作用，進而改變自己在職場上的互動關係，不妨就從閱讀這本書開始吧。

做自己職場的導師

何春盛｜研華科技公司執行董事

　　林佳慧是我二十年前帶過的一位員工，當年她只是一位業務部門的助理，憑著自己的苦學進修，如今她已經是一位成功的職場諮商心理師，並計畫出她人生的第一本書。她邀請我幫她寫推薦序。我讀完了她的大作，發覺這本書不但有心理學的理論基礎，還有很多實戰的案例分享，除了正迷航於職涯的朋友之外，更適合正在職場中擔任主管工作的朋友來看。

　　我一直認為做為一個主管，最重要的工作除了完成公司或組織的任務之外，「渡人」是更重要的使命。人對了，事就成了！人是管理工作最重要的一環，人不是機器，人是有血有淚有情感的動物，要管理員工或是要幫助員工，要先由員工的性格下手，而一位員工的性格，往往都是員工的過往（由童年到求學階段）所遭遇到的各種情況所塑造出來。

佳慧這本書是以包文博士所提的Bowen家庭系統理論架構，探討一個人在成長過程遇到各種情況的挫折與成就，會如何影響進入職場之後反射出來的心理狀況和行為舉止。當你了解這樣一個因果關係之後，為人主管就可以有更多的同理心看待每一位員工；並找到有效的方法，幫助員工走出成長過程中埋下的陰影，重獲信心。這就是我所說的「渡人」的意涵。為人主管者必須認識「為人師、為人父」之重責大任。

我早年在HP公司上班，由最基層一直擔任到高階主管職務，HP給主管很多的管理哲學與管理技巧訓練。至今我多還在使用這些技巧，比方說：Human Behavior Style Analysis（人類行為模式分析）、Conflict Management（衝突管理）、Coaching Skill（因材施教法）等等。我看完佳慧的大作後終於恍然大悟，原來這些管理理論與技巧，都是根基於心理學。如果我早一點也學習這類的心理學，對於我的管理一定更有幫助。

祝賀佳慧、惠蘭完成此書，我認為本書是所有想成為優秀經理人應讀的一本書，可以培養一個經理人對於「人」的敏銳度，由心理學角度去詮釋員工表現出來的行為，會讓管理者找到更好的管理方法，幫助員工改變負面的思維，重建信心，最終改善工作績效。贏得員工對於你一輩子的感激，這也是功德一件，不是嗎？

教練，讓關係更靠近

林齊國｜典華幸福機構創辦人暨學習長

典華是一間四十年的企業，對於同仁的成長、主管的養成，過去都以土法煉鋼的方式，按照經營者的經驗與思維執行。於此同時，我們培養了許多優秀的同仁，因此這樣的管理方式在典華存在很長的一段時間。

然而當企業的規模越來越大，我們深知單憑經驗是不足的，特別是人員越多，各種關係網絡的變化越複雜，於是開始尋找各式課程，期許能帶給同仁更多元、更專業的學習。很幸運的，我們遇見林惠蘭老師，而她也成為我們的企業教練。

在輔導典華的時間裡，惠蘭老師從各個面向觀察典華、理解典華，不僅考量經營者的立場，同時照顧到工作同仁的觀點，更重要的是兼顧消費者的角度。

對我們來說，教練是典華的「觀察者」，能看見被企業和主管忽略的重要視角。教練更是典華的「催化者」，提醒著典華可以調整的方向。同時教練是典華的「陪伴者」，時時關注著同仁的狀態，促進彼此的和諧與團隊合作，降低同仁間溝通磨合的時間，並加速人才的定著與發展。

這幾年教練以及教練領導技術已漸漸被台灣企業接受與引用。典華的體驗更證實了企業教練的客觀，能帶領企業及同仁打破框架與經驗，提升不同的視野與思維。

欣聞林惠蘭教練與林佳慧心理師合著《做自己的職場情緒教練》一書，此書結合企業教練實務經驗與Bowen家庭系統理論架構，相信將為企業職場人提供一條關係經營與自我整合的最佳路徑。

行走在天命中的情緒教練

鄭雲龍｜身體智慧有限公司執行長、脊椎保健達人

　　經營事業的難題中，會讓我壓力大到失眠的原因，一直是
「人」的問題，而非「事」；讓我擔心的永遠是，團隊成員中
某人的情緒失控或情緒勒索，所造成的辦公室低氣壓。

　　幸好我的創業路上有林惠蘭教練的一路扶持。她不但是我
的個人教練，更是我公司所有同仁的共同教練。透過她擅長的
教練技術，讓我們每一個人都更加成長與卓越，不僅部門與部
門之間溝通合作更為緊密，同時也啟發了部屬更勇於突破框架
與限制，創造更多的可能性。

　　我和林惠蘭教練的深度連結，源自十年前我們在吉隆坡的
公益演講。在回台灣的飛機上，我們一起回憶這趟公益之旅的
感動之處。她突然意味深長地跟我說：「雲龍，我們回台灣之
後會各忙各的，但別忘了我們約定一起為台灣做點事喔。」我

當下猛點頭，內心除了有一種惺惺相惜之感，也真心體會到惠蘭教練是真心想為台灣企業做出貢獻。

一年後，我們一起開辦了「把職業變志業」的研習班，協助人們從自我覺察開始，找到屬於自己的天命歸屬。直到現在，我們共同創辦了「典傳智慧知識工作有限公司」，我們的命運就這樣神奇的繫在一起。她讓我不單單只是一位教姿勢與運動的脊椎保健達人，更提升到成為關照人們身心健康的專家，甚至成就我成為能帶領團隊擴展的企業主。

林惠蘭教練除了長期投注教學與企業教練工作外，並於哲學、心理學領域有精深研究。最讓我佩服的是她每月導讀一本好書，已經連續超過十年。由此可知她做學問的態度。而她對自己的「教練」身分更有著無比熱情與專業堅持，她真的是一位行走在天命中的情緒教練。

「教練」近年已廣泛被企業所引進與運用，教練不僅是角色，也包含著精神與技術。教練的目的正是啟發人的潛能，在工作與生活中創造出令人滿意的結果。如果你能成為自己的教練，那麼你就是啟發自己、成就自己的推手。

素聞林佳慧心理師在 Bowen 家庭系統理論深耕多年，而林

惠蘭教練擁有多年企業輔導的實務經驗，兩位將職場輔導的觀察結合心理學理論，並佐以自我教練的方法與步驟，共同激盪與共創，終於得以出版《做自己的職場情緒教練》一書。

我在此毫無保留的大力推薦：拿起它，閱讀它、實踐它，你將在職場生涯最重要的必修課「職場情緒」課題中獲得高分，邁入幸福且欣欣向榮的人生。

PART 1

認識包文理論，探尋情緒地雷

25

改變，從自己開始

　　我們寫這本書源於我們擔任諮商心理師及企業教練多年，不論是在諮商、輔導個案、或是授課的課堂裡，絕大部分的課題都是跟情緒、關係相關。特別是職場人容易有「我沒有問題，有問題的是他」，反正千錯萬錯都是別人的錯的心態。因此總想找到知識、技術來改變「他人」，卻不了解「將他人問題化及標籤化」的本身，就是焦慮升溫以及關係漸行漸遠的開端。

　　在職場的人際相處，節奏相對是快的。因此當遇到一些事件或是需要立即處理的問題時，比較沒有足夠的時間尋找事實資訊或了解問題背後發生的脈絡。特別是當對問題了解不夠，就給予判斷與處置時，很多的事實被淹沒，有些情緒被壓抑與忽略，而當這些情緒沒有被適度的看見與梳理，長期累積下來，在職場裡就會有更多的焦慮在底層流動，進而形成許多的身心症狀。

企業組織的快節奏容易在面臨問題時，有「見樹不見林，或見林不見樹」般只處理表象，而根本原因沒有獲得解決的現象，因此類似的問題會不斷循環、發生與處理。

　　Bowen家庭系統理論涵蓋八大概念，非常盛行於歐美的企業與組織，是最適合被運用在職場的心理學理論之一。Bowen理論強調要以系統思考的方式了解個體和群體是如何相互影響，幫助我們看見組織裡人際互動中有什麼樣的焦慮在流動，當這些焦慮未處理，可能進而形成職場人的急性壓力，因而引發更多的情緒性反應。因此太單一的問題處理方式只是治標，而不是基於整體組織更大利益的思考或評估。

　　很多管理的書籍都在教導如何改變他人、如何管理他人，而學習Bowen家庭系統理論的重點在於要先運用在自己身上。透過系統方式思考及調整自己在關係當中的互動模式，進而改變關係。所以學習理論不在於改變別人，而是在於增加自己的選擇，同時透過理論去看懂或者理解別人，有能力促進關係的和諧與共創更大的利益。

　　我們兩人，一位是諮商心理師，一位是企業教練，有各自的諮商與輔導經驗，但也同時對Bowen理論有所鑽研，當將Bowen理論於工作中實踐與運用時，確實可以為職場人「看見

自己、整合自己」提供極大的幫助。因此,決定將我們的經驗
整理、整合,共同書寫此書。

書中所有案例都是根據我們個人觀察以及實際諮詢,但
為了保護個案隱私,而由數個類似個案,綜合模擬出職場常見
案例。若您在閱讀時,覺得故事像在說自己或你熟悉的人,那
是因為我們生存在共同的文化脈絡和價值觀中,必然會有的巧
合。

這本書的目的是,期待職場人都能成為自己的情緒教練,
即使非心理、社工或相關工作的人,也可以運用並察覺到自己
身心狀態與人際互動模式。

我們試著把Bowen家庭系統理論搭配案例做詮釋,其中並
在每個段落提供自我覺察練習單,相信若能持續練習一段時
間,你將能運用自我覺察所得到的發現與指引,協助自己朝向
更有意義、更期待的方向發展。

認識包文理論，
探尋情緒地雷

一天二十四小時，我們幾乎有三分之一到二分之一（甚至更多）的時間花在職場上；如果從大學畢業算起，一直工作到六十五歲退休，我們一生有超過四十年在工作，這樣算起來，人花在工作的時間占相當高比例，在職場的所有人際、目標、績效、成就，自然而然會深深牽動著你我的感受。

特別是職場情緒如果沒有好好處理，就會影響工作與下班後的生活品質；如果說時間品質就是生命品質，占去我們時間最多的職場生活，因它所引發的情緒狀態更無法忽略。

儘管我們有意識地自我警惕著：「不要把工作和情緒帶回家。」但那畢竟是理想狀態，情緒像一陣風、像一股流，被引動著，很難透過我們用理性大腦下令「切割」，就能不再生氣或煩躁。簡單說，如果情緒這麼好處理，你也不需要讀這本書了，不是嗎？

也許你會困惑：

「為什麼要看見情緒？」

「有情緒不好嗎？」

「情緒一來，設法控制，不就好了嗎？」

其實情緒本身不是問題，面對情緒所產生的反應，才是我們該去討論的。舉例而言，在職場上都會遇到需要上台做簡

報或主持會議的時候，對於喜歡上台做簡報、主持會議的人而言，當他接到這樣的任務，他的反應是興奮的，想著可以接受挑戰；但是對於不習慣上台表述自己，或對上台有畏懼的人而言，當任務到達的時候，他第一個反應可能是緊張、可能是壓力，所以在準備的過程中，如果可以逃避，他也許會選擇逃避。

　　這就是同樣一件事，面對情緒出現有不同反應、影響，而表現出不同的行為。在職場上我們常會聽到「誰的情緒很穩定」、「某某人的EQ很高，他都不會生氣」之類的話，對於這樣子的讚賞，可得知在職場當中比較受到讚揚的，都是在不表現情緒的部分，因此為了得到更多的讚賞，反而造成更不敢輕易表現與反應出真實的情緒。

1-1　我到底怎麼了？

　　職場上一定會遇到溝通問題、挫敗感等，如果只是一味用高標準來期待自己要保持好EQ，這未免偏離人性，甚而成為一種苛求。一旦陷入必須高EQ的迷思，很可能只是把情緒隱藏起來，沒有出口，也沒進行處理；當累積到一段時日，情緒無法再用理性高牆圍堵控制時，就容易在不經意的觸媒下引爆，導致情緒失控。習慣了你總是高EQ面對問題的人，可能會對你的失控感到詫異，卻不知道你背後其實累積了許多沒有處理的壓力和情緒。

　　即使你總是能將情緒隱藏起來，但長期累積下來會流竄到身心各個層面，最後會反應在我們熟悉的各種身心病症；比方，睡眠品質愈來愈差、過敏、抵抗力差、免疫力降低而常感冒或腸胃不適、肩頸緊繃等。

　　多數人只注意到身體症狀，不會細想：「我到底怎麼了？」忽略了將身體上的症狀跟心理上的焦慮連結起來。

　　當然更不會深度探討自己在焦慮什麼？

　　我的內在系統發生什麼事？我的內在系統跟關係系統之間

又發生什麼事？

或者跟整個工作單位系統發生什麼事？

情緒地雷或健康狀態只是表層症狀，這背後隱藏更大、更根本的問題，也就是說，身體症狀透過醫學治療可以減緩，但是情緒背後的原因如果沒有面對處理，可能會一再引爆，讓人不堪其苦。

為什麼會有情緒地雷？

接著，我們進一步分析職場常見的面向，以及為什麼會有情緒地雷？

◼ 第一類是職場所有人都可能會中標的情緒議題：

1.工作價值與自我認同：選擇這份工作，是不得不然，還是符合專長興趣？是追求高薪，還是為實踐夢想？工作只是完成，還是要能滿足成就感？

華人文化比較不鼓勵做自己，因此自我認同感往往顯得薄弱，常需仰賴外在條件來證明自己；例如高績效、開名車、戴名錶、被主管肯定、被公司表揚等。在華人的家庭裡面，我就常聽到，當孩子考一百分回來時候，爸媽都說：「哇！你好棒！」在公司的表現也是，當拿到績效第一名、簽成合約、標

案成功的時候，會受到主管讚揚。

我們習慣用結果來做讚賞肯定，自我價值的認定常跟結果畫上等號，因此如果工作成績不再如小時候的表現，或者在工作上不再如一開始被讚賞，就可能會用拖延或迴避的方式來應對。存在著工作表現、他人肯定等同自我價值的認知，一旦除去這些外在肯定，整個人如被抽空一樣，自我認同就會瞬間崩解。

我曾經遇過的案例中有一位缺乏自我認同感的部屬，渴望獲得主管讚美，不斷在關係裡尋求認同，當有些表現沒被即時肯定，情緒就會感到失落。

2.競合關係與職場人際：與平行同事、上司、部屬、合作單位、客戶的相處，也可能因為立場不同而有溝通上的歧異，或因為各有價值取向、喜好、成就標準不同，也會產生爭議。

同事之間因專案常有合作的機會，但當處理不同專案時，就難免會產生隱形競爭，而如果這個表現會影響到獎金發放、考核、考績，或是有些公司的制度對考績評等來自於主管的主觀評估時，同僚之間的競爭就難以避免；譬如有些公司的規定是各個考績的名額是固定的，甲等五人、乙等五人，同僚之間在這一整年就是一種隱形的競爭性，常會在專案合作時呈現出不合作的態度，爭功諉過，「團隊合作」流於口號，與其談合作，不如兄弟爬山各自努力比較實際。

除了競爭比較外，有時不管是非對錯，中國人愛講「有關係就沒關係」，關係遠近凌駕能力、是非，因為「我跟你關係好，所以我永遠都站在你這邊，你講了算，我挺你」。以關係遠近做決策判斷標準，過度的親近或疏離，其實都是拿感情當籌碼交換。

3.世代之間價值觀不同：世代之間的價值觀不同，行為慣性、處理事情的態度與方式都不一樣，華人社會的傳統思想向來強調忠恕、忍讓，因而在職場中，我們可以看到，很多人一輩子只在一個職位上努力，或者服務一家公司一直到退休，因此有些企業前輩不是很善於表達情緒，比較在意團隊的共同成果跟目標。而現今教育強調的是獨立性、做自己，特別是獨立做自己之餘，還要有差異與風格。在以前的時代，默默無名是合理的狀態，現在的時代卻要立即被看見、按讚，要被全體認同。

教育改革以及全球化的推演，造成不同文化氛圍的改變，而這也成為職場世代之間價值觀念不同，自然形成鴻溝。倘若在職場上的人沒有意識到這一點，資深與新生的矛盾跟紛爭就成為職場世代間情緒的源頭。

4.工酬與升遷：對一位上班族而言，升遷、薪資標準或獎金發放，當然是在意而敏感的課題，不論是同工同酬，或同工

不同酬，不同公司有各自的制度與評估標準。姑且不論公平與否，如果在作人事布局、升遷或獎勵制度時，沒辦法說服同仁，就很容易埋下情緒的因子。舉例來說，同時期進入一家公司的同事，特別是同時期又同部門的兩人，本來是好朋友，但當其中一人被拔擢，而另一個還在原本職位上，這時候原本的好友關係可能就會產生變化。倘若又變成是下對上的部屬與主管，本來是同儕變成主管部屬時，雙方的心理感受不同，也會影響到他們的情誼及工作表現。不僅工酬，升遷制度也一樣，很多人選擇工作是以升遷制度為優先考量，一旦升遷計劃不如預期，對應工作表現與價值就容易產生質變。

以上四種面向都容易引發職場情緒議題，但不僅是職場人，主管也有他的情緒地雷。

◾ 第二類是主管的情緒地雷：

1.績效問題：主管的領導能力高低通常會落在「績效」表現上作為評估，每年 KPI（Key Performance Indicators，關鍵績效指標）完成度就是主管的考核。然而 KPI 的訂定方式大都是以今年完成的基礎往上加一定比例的成長率，因此「如何保持與超越」成了主管們的壓力來源。

2.培育部屬：一位具有領導力的主管，不是事必躬親，而

是可以權責下放，在這之間又需要智慧、判斷力與經驗累積。如何識人？如何培育？如何分配人力？不僅考驗主管對領導力的認知，更是培育力的考驗。

3.營造團隊和諧：沒有主管會希望自己的團隊成天起衝突，但要維繫團隊和諧也是一項艱鉅的任務。不論處理得好或壞，難免都有不同意見，特別是團隊成員都有各自的價值系統，為促進團隊和諧，如何有效輔導，成為主管的重要課題。

4.不同部門競爭比較：不同部門都有立場、權益、預算等不同思考角度，也會因此產生歧異，當別的部門編列較多的預算時，自己單位的預算就會被排擠；又或者，當被強勢單位堅定立場時，自己的部門可能變成配合角色。因此如何爭取到有利於自己單位的立場、預算、權益、甚至發言權，也成帶職主管們的考驗。

5.學養職能不及職位需求：對很多人來說，不一定是準備好而當上主管，有時是一次機緣或被拔擢就往上升遷。每個職位都有相對應具備的職能，因此主管們是否準備充足能因應職位所需，有時無法向他人說明，只有自己才知道。

當無法面對或正視職能需求時，就會讓主管深陷無止盡的工作焦慮。

6.創新、開發、改革：一個單位或組織，運行久了不免面臨老化問題，身為掌舵者、帶領者，主管們要提早因應組織老化或停滯的可能困境。然而創新、開發與改革，勢必都會遇到意見的歧異或衝突，因此如何帶領組織繼續向前，同時又能兼顧現有基礎，也考驗著主管們的洞見與溝通力。

情緒的源頭

以上舉出各種可能產生情緒地雷的源頭，並不是要控制情緒的發生，而是要了解情緒為何會被引爆，這並不是一本管理書，不是要去探討如何做管理，也不是一本職場工作能力的書，所以不是要去討論你需要哪些技術去控制情緒以及人際關係如何發展。這本書要探討的是，不管是哪一種情形，當這些狀況發生時，我們是如何對應這些事情的發生，當你對應的時候，情緒如何被引爆，去了解那個情緒的源頭。

接下來，我們會透過包文家庭系統理論，仔細地一步一步引導你，去看到形成情緒地雷背後的因素。

1-2　包文理論

　　莫瑞・包文醫師（Murray Bowen, M.D.）一生專注於探索人類行為，他創造了一個新理論：家庭系統理論（family systems theory），也就是包文理論（Bowen theory）。這個理論在一九六三年形成，於一九六六年正式發表。

　　包文理論是一個思考人際互動的知識，可以運用於一般家庭，還能擴展到更廣的團體，包括工作場域、大型組織、社群。它清楚說明個人、家庭、組織甚至是社會的情緒樣貌。

　　包文家庭系統觀又名自然系統觀、多世代家族治療，強調「個人內在系統」與「個體間外在系統」。包文系統思考的訓練重視思考的歷程，也就是重視一個人如何形成想法，遠勝於一個人的想法內容。

　　包文理論由八個相互關聯的概念所形成，透過這些概念，我們得以了解個人、家庭乃至職場。它是一個思考人與人之間互動的方式，用以改善關係，穩定家庭和組織。

八大概念簡介如下：

一、核心家庭情緒系統（nuclear family emotional system）：
每一個核心家庭都是一個情緒單位。人們在家庭中一起生活，當家人關係緊繃時會彼此傳遞焦慮，焦慮自動流轉在關係系統之中，衍生出四種典型的關係「姿態」或「模式」，這些模式是：

· 衝突
· 疏離
· 高功能／低功能的互惠關係
· 三角關係

當家人間的焦慮上升，這四種模式愈容易被使用來處理焦慮，使用過多或成為習慣。反過來它們會製造焦慮，愈容易有多位家庭成員產生症狀。

二、自我分化（differentiation of self）：一個人能發展多少「自我」，在童年與青少年時期深深受到家庭關係與社群團體的影響。自我分化就像是細胞分裂的概念一樣，能夠從緊密融合的關係中成長為獨立的個體。

分化較好的人，較能分辨理智系統與情緒／感覺系統而能有更多選擇，在大多數領域中都會表現較好。相反的，分化較不好的人則選擇很少或甚至沒有，也表現較差，需要他人的肯

定與認同，或獨斷的施壓控制他人。

　　一個自我分化良好的人，可以在不同的關係系統中清楚的「界定自我」，面對壓力及衝突時，經過思考後做決定、產生行動，不被情緒性思考控制。自我分化好的人也會考慮他人及團體，做出對整體有益的選擇，而不是只顧自己利益。

　　三、三角關係（triangle）：三角關係是最小的穩定關係系統。在二人關係不穩定，壓力和焦慮超出二人關係所能負載時，第三者通常會被這兩人吸引或拉進去，形成其中的兩人是「圈內人」，而另一人則是「圈外人」的狀況。

　　把關注焦點集中在孩子身上就是三角關係的典型例子，父母忽略伴侶間真正的問題，或缺乏解決問題的辦法，而轉移注意力將焦慮傳遞及轉移給孩子。

　　四、情緒切割（emotional cutoff）：指的是互為重要關係的兩人，為了減少互動上的衝突，而選擇心理上彼此之間不再接觸。在關係中，最極端的疏離就是情緒切割。短時間來看，這樣的做法可能會帶來短暫的解壓，但長期來說，它會造成嚴重的影響，衝擊個人在生活及其他領域，出現人際關係問題，同時還帶有情緒性、生理性、社交性的其他症狀。

　　五、家庭投射歷程（family projection process）：父母直

接教育或潛移默化將大人的問題和長處傳遞給孩子，其中影響最多的是對關係的敏感度。然而每個孩子在家庭中吸收焦慮程度不盡相同，所以對每個孩子的影響也不同，吸收愈多焦慮的孩子，愈容易在投射歷程中削弱自我的功能及產生症狀，這將會影響自我分化程度。

六、多世代傳遞歷程（multigenerational transmission process）：父母通常會影響孩子的發展樣貌，而孩子天生就會回應父母的情緒、態度和行動，因此孩子的自我分化往往會跟父母很接近，只是同一個家庭中成長的手足，還是會有人分化比父母多一些，有人分化比父母少一些，幾個世代後，家族成員中會有顯著的分化差距。當家庭投射歷程在家族的幾個世代傳遞，就稱為多世代傳遞歷程。

七、手足位置（sibling position）：就算在同一個家庭長大，每一個孩子有著不同的成長經驗，透過家庭投射歷程以及多世代傳遞歷程，在每個人身上都會形成獨特的組合。手足位置就是一個對人格形成具有決定性的功能位置。而我們的表現會依據手足位置與性別交互作用，成為個人的強項與弱點。因此，沒有哪一個出生排行特別「好」，每一個出生排行都有其關係的樣貌以及帶來的挑戰與長處。

八、社會情緒歷程（social emotional process）：包文理論不只用於家庭，還可以運用在各種不同的團體與組織。社會情緒歷程就是在說明情緒系統主導社會、團體及組織中的行為，進而形成社會的進步與退化週期。當社會普遍處於高焦慮的狀態，就會有比較多社會問題，離婚、暴力、犯罪事件、群族對立增加，雖然無法確定究竟是什麼觸發了這種社會退化，不過，這些都有一個共同線索，就是與生存威脅有關。

個人情緒與人我的關係

這八個概念構成了包文所提的正式理論。在這本書中，我們將透過包文家庭系統理論（Bowen Family System Theory）來觀察職場的你，以及你與同仁、上司、部屬或客戶之間的情緒反應與流動，並進而分析解構每個人在工作上遇到的困境及其背後更深層的問題。

包文家庭系統理論只有八大概念，不需要受過專業心理學背景就能讀懂，只要想了解自己，想了解情緒、認知、行為模式的系統，包文的八大概念就能幫助你向內看到自己，而且可以了解自己對外面臨的人事物與對應方式。

從包文理論看個人：
我內在系統怎樣運作？

我個人內在情緒是怎樣流轉流動？

我個人內在情緒及系統是由怎樣的脈絡所形成？

從包文理論看人我：

人我之間是什麼關係？

我們是怎樣的脈絡造成現在的關係？

為什麼我們之間總是這種互動模式？

　　用包文八大概念對個人及人我之間的互動分析，不僅可以看到自己的行為模式，更可了解個人內在系統的運作，同時理解組織、所屬單位、公司團隊等情緒流動狀態。善用包文理論，等於為自己開啟系統化的思考眼光，看見自己，透視系統。

　　我們會以案例來說明每一種概念的實際狀況為何，協助你能辨識自己在職場的狀態與反應，同時也能明白別人情緒背後的真相。從包文理論來看，不論是人與人相處的問題，還是價值觀的差異，或是個人目標與公司目標的衝突，都擺脫不了與過去的生命經驗、與原生家庭的連結有關。

　　例如，小時候常常介入父母親的衝突，可能就會自動化的想要避免衝突，不喜歡看到爸媽吵架，只要大人一吵架、甚至打起來，孩子就會躲到另一個空間，因此長大後面對衝突時，可能會轉身逃避，或退到觀察者角色，選擇不涉入，先看別人

的狀態後再決定自己的行動模式；又或者在職場上希望自己維持在光鮮亮麗的狀態裡，不論是任何時刻看到你，都要是好的狀態，臉書打卡分享的，也一定要好玩、好吃、得獎的，所有的呈現都要是正向、快樂的，只能報喜不報憂。

我們在工作上可能會遇到類似的情形一再發生，你也許會懊惱：「為什麼自己一再重演同樣的劇本？」、「為什麼老是遇不到友好的主管？」、「為什麼我的同事可以擺爛，我必須盡責？」

如果總是遇到同樣的問題、重複的困擾，這時確實該停下來好好想想自己發生了什麼事。

每個人都有自己的一套行為模式，行為模式跟早期經驗有密切關係。因為早期經驗形成我們的信念、價值觀與行為準則，這些都會在遇到不同的事件或刺激時，或深或淺、直接或間接地影響我們的情緒反應，而決定了對應的方式與行為。

雖然過去的經驗與當下的時空已然不同，把過去的經驗直接放在現在，可能不適合處理當下的難題、甚至不管用，但若沒有發現自己的自動化反應與處理模式，你就會不斷困惑：「怎麼問題一直在原地打轉，一直重複發生？」

我很喜歡看團隊成員所拍的團體照，照片中的所有成員總是看著鏡頭，笑得特別燦爛。然而在這瞬間美好停格之後呢？只有每一個成員才知道自己當下真正的內心狀態與情緒，而這正是這本書想要關心的議題，因為真實生活是在按下快門之

後，真實都藏在那些光鮮亮麗的背後，而透過包文理論能協助你看見自己的情緒，並理解、認識情緒背後的成因。

在第二部的每個章節後面都附有「自我覺察練習單」，因為在真實生活裡，我們身邊不會永遠有一位老師，不會有一位諮商心理師，也不會有個教練隨時在自己身邊；最好的方式是，你成為自己的情緒教練，實作覺察，就可以幫助你看見真實的自己。

在「教練」的精神裡，教練是協助人們在工作與生活朝向理想的狀態發展，而教練所處的位置是在真實的現在與期待自我之間。我們希望藉由這本書所述包文理論的引導，能助你前往更好的自己途中，做自己最好的情緒教練。

職場的情緒地雷

若以二十五歲開始進入職場到六十五歲退休計算，至少要經歷四十年的職場生活。在職場工作，掌控情緒力的好壞，常成為他人評估你工作能力高低的參考。然而職場生涯有人天天為捍衛立場情緒暴衝，有人為業績多寡而愁眉苦臉，有人想維持關係和諧而忍讓與配合……，因而誰能理解情緒、管理情緒，就擁有比他人更好的職場軟實力。

在職場中，每位成員的職責不同，各有各的立場與觀點，於是常會聽到派系之爭、理念不合、壓力大等，更遑論來自不同家庭有不同的價值觀與生命經驗，即使再微小的事件與政策，都能因為這些不同而引爆出大小不一的情緒地雷。因此，若能理解情緒是如何流動，對於人際關係與職涯經營都會有很大的幫助。

這一部的每個例子都是由數個類似的個案綜合模擬出職場常見狀況，來說明情緒地雷是如何被引爆的，而這些案例也許在您所屬的職場中似曾相識，也許在您自己身上也經歷過類似案例主角的經驗與感受。接下來都將藉由包文家庭系統理論的八大概念，來理解每位案例主角之所以會有如此自動化情緒反應的源頭。透過這些案例，我們可看見情緒流動以及情緒地雷為何會被引爆。

2-1　情緒融合，尋求認同感

　　身為群體的一部分，我們都希望融入關係或團體，為了融入，因此願意交出部分自我，配合他人或團體，以期可以換得他人或團體的認同；為此，每個人都有「放棄自我」的一部分，這就是情緒融合。

　　但交換多少、放棄多少，跟每個人的成長歷程有關。然而因交出過多自我，以致於浮現失去自我的感受，長期下來就會產生焦慮。

　　在職場中，沒有人可以跳脫於情緒融合的歷程與經驗，只是程度多寡的差別。以下我們來看看淑芬的例子。

渴望被看見的淑芬

　　從事業務工作的淑芬為人熱心，大家開口要求任何事，只要她做得到，都會全力以赴。但她的拚勁卻沒有反應在業績上，業績表現並不理想。雖然淑芬與同事們相處融洽，關係良好，但只要遇到直屬主管，她的善意與陽光立刻會當機，老是

跟主管槓上，每次開會時，總是溝通不良而不歡而散。

　　當淑芬來找我諮詢會談時，我發現她跟主管衝突的背後，是希望獲得主管更多的肯定與青睞。既然希望被主管肯定與青睞，卻又頻頻跟主管對立，這是淑芬不願轉個彎？還是自我有所矛盾？我們先來了解淑芬和家人的關係，以及她在家中的角色。

　　淑芬在家中排行老大，父母希望她是位聽話的長女與盡責的大姐，因而賦予較多的照顧任務，她也很努力符合爸媽的期待──分擔家務並照顧弟妹。淑芬的弟弟很會念書，備受家人重視，因此弟弟只要專心讀書就好，不用分擔家務。而淑芬任勞任怨地負擔起家中大多數的家務，但做家事、照顧弟妹這些家務無法如考試般有具體成績單，不僅不容易被肯定，還常被挑毛病，不論淑芬再怎麼努力，都無法像弟弟那樣輕鬆獲得關愛。「我希望你們看見我，重視我。」這是淑芬的渴望。

　　這份在家裡得不到的渴望，延伸到各種人際關係上，包括職場。

　　了解了淑芬與家人的關係之後，就不難理解為何淑芬在工作上願意付出很多。她對待同事就像對待弟弟妹妹，在職場上自然扮演起照顧者角色，承擔起照顧的任務，徹底展現在對待同儕關係裡。

　　但照顧同事終究不是她的目標，希望被上司看見與肯定，

才是淑芬努力的方向；一如在家裡，照顧弟弟妹妹們，是為了得到父母的肯定。

面對自己的業績無法提升，淑芬認為是主管偏心，就像爸媽偏心弟弟一樣，但因為不敢直接與父母衝撞，於是把內心的不滿與憤怒轉嫁到主管身上：

「我犧牲自己做業績的時間，盡心盡力幫大家處理公務，結果是同事獲得出國獎勵，雖然我個人的業績未達標，這些行為難道不值得獎勵？主管就不能幫我一點，讓我也能和大家一起出國嗎？」

在業務單位，個人的業績是考核或獎勵的評量標準，即使淑芬有抱怨與委屈，也無可奈何必須遵守公司的規章。任憑淑芬對其他事情投入再多，個人績效沒有成長，即便有主管協助也是枉然。淑芬一直拿自己對同事的付出當業績表現不理想的擋箭牌，以此抱怨主管的未關愛，只是這樣的情況究竟能持續多久？但淑芬卻仍把矛頭對準主管，雙方僵持久了，關係愈來愈緊張。

■ 自我價值建立在他人肯定上

淑芬是典型情緒融合的狀態，渴望跟大家能夠緊密互動，也期待與主管關係密切，在職場裡把焦點都放在融合人際關係上，卻從不曾真實面對自己的工作表現。對於情緒融合的人來

說，自己的價值是建立在滿足別人的期待上，至於追求真實自我不在考慮範圍內。

淑芬不只為同事奔波，她的討愛對象也延伸到與客戶的關係上。有客戶要淑芬幫忙接送小孩，淑芬就只是默默幫忙，不懂得順勢請客戶介紹客戶或回饋自己的業績，因為她覺得要求回饋太現實。如果淑芬對自己的專業有自信，相信自己能為客戶帶來更好的服務品質，即使大膽主動地提出為客戶規劃更多商品，也能增進彼此的關係，而不是只幫客戶處理這些非專業的額外瑣事。

就像惡性循環，淑芬因缺乏自我肯定，導致無法用專業取信客戶，最後以不符合角色的勞務討好客戶。當然並非不能為客戶伸出援手，只是不應本末倒置。淑芬很大的致命傷，就是在關係中過度的付出自我，以致錯亂了職場上應有的輕重緩急與先後順序。

淑芬因自我價值感低，需要接收別人的肯定，因此在人際關係上習慣先討好，把自我交出去給別人，期待別人也交出一點自我，彼此融合在一起。對方如果沒有如預期的回應與回饋，淑芬就會很失望。這樣錯置的期待與結果，當然無法呈現在績效表現上。不僅公司或主管看不到她的表現，她也感到委屈，認為自己做白工；如同在家裡一樣，很難得到父母的認可。

◾ 關係過度緊密的問題

淑芬是典型希望與別人情緒高度融合的例子，即使與主管不愉快，背後仍是為了想要更融合，才會衝突，但也因此導致失望。情緒融合是無法區分你的或我的想法、做法，而是我配合你、你配合我。

當人與人之間有過多的融合時，自我就減弱，當情感過度交融，就會因關係太緊密而不允許獨特性出現。一旦有不同的想法、做法產生時就會不開心。這就是關係過度緊密所造成。

情緒融合過度的人會習慣在一段關係裡，交出很多的自己，這是為了得到未解決的情緒依附（unresolved emotional attachment），也就是早期經驗中，在關係裡未被滿足的渴望，例如：肯定、歸屬感、安全感、愛。因此我交出自我，也希望對方交出一部分自我。在心理學上有個名詞叫做「借貸自我」，我跟你借，你跟我借，以此交換來建立關係與感情，這會讓彼此處在一種過度緊密且壓力很深的狀態裡。

回到淑芬身上，她對父母的情感渴望未完成，所以轉嫁到人生中各種人際關係裡，希望透過這些關係索回那些父母未給足的愛。

如果你就是淑芬，或者你身旁有淑芬這樣的人，你會怎麼面對？

接下來要分享的故事，同樣是情緒過度融合的個案。

看過不少夫妻檔在同一個辦公室，我有時候不免會想：夫妻在同一家公司服務，究竟是好還是壞？

淑雯和明峰這對夫妻在同公司、同單位服務，但因淑雯到任較早，目前已是該單位的高階主管；晚了幾年才轉職來的明峰，雖還在基層職階，但也已是資深員工。每次淑雯要參加或召開組織會議時，明峰都會跟著太太一起出席會議，若是單純列席、觀摩聆聽倒也無妨，偏偏他不管開會內容與自己的職責範圍是否相關，會因太太的角色，順勢把自己也端上高階主管的角度對同仁們說話；也就是說，他不只是出席，儼然還握有主導權。嚴格來說，他的行為已經僭越了自己的權責範圍。

但是在旁的淑雯卻沒吭聲，任由自己的丈夫高談闊論發表意見，即使他下達命令扮演指導者，淑雯也從不制止。長時間下來，明峰的高調行為已經惹惱了眾人，有些基層人員也被明峰的主觀喜好搞得雞飛狗跳，政策常常一夕數變，完全隨著他的情緒走向而決定。

我會知道這種情況，是因為這單位的基層人員小莊跑來跟我求助。事情是這樣的。

有一次，公司交付一個專案給明峰，並由他主導，但他評

估之後，認為會佔去自己太多時間且很難看到成效，於是回絕了。上級主管只好找另一名同事來執行這個專案。這同事就是來向我求助的小莊。

後來有人跑去問明峰：「這案子不錯啊，不是你要做？怎麼變成小莊在執行？」

明峰耳根子軟，愈想愈不對，愈想愈後悔，索性跑去找小莊，並跟小莊商量：「我們一起做這案子吧！」

明峰沒想到，小莊未考量淑雯是他主管，根本不領情，斷然拒絕他的要求。明峰情緒瞬間崩潰，像小孩得不到玩具那樣淚崩，同事們當場嚇住了。

「他怎麼會這樣？」

「那位仗著太太權位，趾高氣揚的明峰去哪兒了？」

同事們都竊竊私語。大家不解平常氣燄高張的明峰，為何會因這小事件變成一個幼稚的小孩，如此判若兩人？

■ 自我界線的界定

同樣的，我們先來看明峰和家人的關係，以及在家中的角色。

明峰是家中的獨生子，又是老么，所以爸爸、媽媽、姊姊們都很寵他、讓他，要什麼就有什麼，沒有得不到的東西，成長過程從沒被拒絕過。全家人都以他為核心，加上他的求學歷

程與成績表現也都不錯，地位就像天之驕子，是家人的希望。因此鮮少受挫的他，自然會事事以他自己的觀點為主，很難從別人的角度看事情。明峰的邏輯與信念是「你們想的要跟我一樣」，始終沒有機會看見這是他自己的一廂情願。

明峰的一廂情願也是情緒融合的展現。亦即，不會有歧異，彼此都要一樣。你的就是我的，我的也是你的，甚至我的還是我的。「我們是同一國。」比較像是電影或者小說情節，在真實社會裡，人與人的關係怎會是拍胸脯就保證彼此齊心一志？更何況，拍胸脯的人還是明峰自己，而非別人呢！

情緒融合的人，往往自我的界線是模糊的，有像淑芬那樣過度交出自我，也有像明峰要求別人交出自我，認為大家要一樣才是團隊，才有凝聚力。

在公司組織裡是需要追求團隊凝聚力，但那不是由握有權力者以一言堂式的勉強或要求他人屈服，或是去滲透個人的自我界線，要求大家要一樣。近年廣為所熟知的情緒勒索，以包文理論來說，就是情緒過度融合，以情緒壓力為手段，要求、勉強他人配合、侵犯他人的自我界線。

另外，還有一種「有借有還」的情緒融合概念。我很努力為你好的這項付出，也要等著看你以同等的還給我；如此，我才能感受我們之間是平等的。若你還給我的不如我的預期或你根本沒有還我，那我們的關係就是零，不值得繼續下去。

這是「以愛之名」、「以我是為你好」來做為滲透、侵犯他人的自我界線，真實是在滿足自我的需要，認為自己的想法、做法才是最好的；最好大家都照我的方式去想、去做，如果你們沒有這樣做，就辜負了我的用心。

　　情緒融合，從關係建立開始，隨著互動增加、由生疏到親密，促進關係的連結。人是群體性的動物，情緒融合能讓人感到安全感、歸屬感，但當過度的情緒融合讓人失去自我感時，伴隨而來的溝通與調整，或因溝通不良而衝突，都將會形成關係裡另一項考驗與挑戰。

　　若你周遭有類似的人，或是你也有上述淑芬、明峰的經驗與感受，可運用以下每小節所附的「自我覺察練習單」來試著找出情緒的來源。

　　「自我覺察練習單」的目的，是藉由有步驟的提問，在自我對話的過程中，協助您從中看見並釐清自己真實的需要與感受，重新檢視與他人在關係網絡中，是如何相互影響與牽動。

　　你可採用書寫的方式回答，或以提問、回答的方式進行自我對話。過程中將會啟動自我檢視與覺察的功夫，並為如何開啟下一步進行指引。

自我覺察練習單

一、**暫停**：先暫停自己的自動化情緒反應。

此刻的我怎麼了？

到底發生什麼事？

二、辨識：辨識真實感受，不自我責備，也不問責他人。

我感受到？

三、釐清：真實的想法與需求。

我的想法是？

我想要的是？

四、行為：思考下一步的行動。

我可以做些什麼照顧自己的情緒？

我可以做些什麼因應外在壓力？

2-2 情緒切割的自我保護

　　前面提到淑芬與明峰的例子都是屬於情緒融合，與融合相反的是情緒切割。情緒切割是不管發生什麼，都看不到情緒展現，總是四平八穩，像局外人般冷漠，看起來很理智，但對人際關係保持距離，可以理性表達，不讓自己與他人有過多情感接觸，更遑論交流。

　　當我們身處於無法解決的融合或未分化的依附關係所產生的焦慮時，為舒緩緊張關係，就從融合逃離，而採取情緒切割方式處理，如此雖然立即能從焦慮中逃開，但這也只是暫時。

切割，是為了不被傷害

　　年過三十的業務員阿貴就是如此。

　　阿貴退伍後就在業務部門裡服務，多年來沒跳槽、沒升遷、也沒換過部門。同事對阿貴的印象是很理智，但跟人保持距離。阿貴對上司交辦的任務，會習慣先表態拒絕；若拒絕不了，他也會接受主管的命令，不過孤鳥性格的他，不跟人合

作，任何事都是自己一人包辦。

不僅工作如此，連休息時刻也一樣。當大家開心時，他冷眼旁觀，事不關己，臉部表情永遠都是一個樣；開會時，他也不會主動表示意見，不表達贊成或反對，更不會跟人討論，永遠都只是「看到、聽到、收到」的漠然神情。他與同事始終保持最簡單關係，對話也只有「好」、「不好」、「可以」，不會多說幾句話。

這種特質與行為能在需要大量面對客戶並講求績效的業務單位裡存活嗎？答案是：可以，只是很辛苦。

阿貴在進行業務銷售時，可以非常理性對客戶分析數字與精算，不與客戶產生情感交流，因此與客戶進行邏輯而理性的分析後，客戶很難產生所謂「衝動購買」的消費行為，所以他成交的都是小額的銷售單，很難出現買高額度大客戶的大單。

雖然阿貴自掃門前雪的個性，在業務表現上還算穩定，但可以預想的是，若不調整這樣的作業模式，遲早會累積出許多問題，因為小單的利潤有限，但服務成本、時間成本都很高，阿貴的主管擔心他忽略這潛在問題，因此與他約談。

「你有沒有發現你成交的都是小單，以後會產生的問題？」主管問。

「有啊。」他冷冷回，好像主管太大驚小怪。

「有處理或解決的方法嗎？」主管繼續問。

「有啊，就換商品或提高金額啊！」

「對，那朝這方向可以做點什麼？」

「抱歉，雖然如此，但我不認同，因為高單價的商品就投資報酬率來看並不划算。」

「那如何解決服務成本、時間成本都很高的問題？你要如何改進和突破？」主管追問。

「嗯，我會想想看。」

阿貴跟主管長期就是這樣的「冷」對話。他總是態度冷漠，業績也持平，無法升遷是必然的結果。但阿貴可不這麼想，他認為自己夠認真、夠負責，上面交辦的事都有達成，但為何就是無法升遷？他表面看似不在意職位，但內心還是忿忿不平。

■ 心理距離

為何阿貴會把自己跟環境做這麼絕對的情緒切割？後來我有機會與他對話，才了解他的家庭模樣。

阿貴出生在高衝突家庭裡，爸爸性格較為冷漠，媽媽的情緒起伏很大，爸媽常爭執。讓他印象深刻的是，有幾次爸媽嚴重衝突後，媽媽帶弟弟拖著皮箱離家出走，甚至揚言帶弟弟去自殺。幼年阿貴心裡害怕，但也疑惑「媽媽為何不帶我一起走？」阿貴在驚恐背後藏著深深的失望與疑惑。

阿貴一方面自覺自己是被母親丟下的人，即使是將他丟

在家裡；另一方面，阿貴無法留住媽媽與弟弟；「媽媽帶著弟弟走，如果他們真的想不開，至少還是死在一起，但媽媽沒帶我，爸爸也不見人影。我只是孤零零的一個人。」

年幼的阿貴無法處理當下被遺棄的自己，於是這份被遺棄的感受就伴隨著阿貴長大。為求自保不受傷，他愈來愈相信凡事只能靠自己，若這麼親近的人都可能隨時離開，那麼再也沒有人可以相信；因此跟別人之間的關係不用投入太多感情，因為最終，他是會被丟下的那個人。

於是，我把自己關起來比較安全，不要關心別人、不跟任何人有情感流動，免得被傷害。

這是阿貴成長的心路歷程，我們很難不同理他後來這麼獨善其身的選擇。對阿貴來說，他只能靠自己，只有自己才是唯一可以信任的人。被遺棄的小阿貴，從來不知道自己可以平安長大，人生可以有不同的開展；其實只要阿貴願意，他可以伸出手去承接並安撫那位曾經受傷的自己。

經歷早期重大事件的刺激，或者是某些經驗不斷在生活中重複著，人們就會在經驗中發展出自己的信念，學習到一套生存之道。如此可以不必經歷過多痛苦，幫助自己渡過關係及環境中不利的生存條件。

當運用生存之道達到減少痛苦的效果時，往後遇到類似的議題，便可能啟動自動化，不需經過思索的自動化反應。如同

阿貴，感受到母親的遺棄，這個經驗讓他產生「不要與他人情感交流，沒有人可以信任，只能靠自己」的信念。於是在人際交往中刻意保持心理距離。所謂的心理距離就是，「我們可以有互動，但我不與他人產生心靈上的交流，我不關心你，你也別關心我。」

除了心理距離，也有人從空間拉開距離。像是藉由到外地念書或外派出差，一去便渺無音訊。然而，情緒隔離只是暫時讓自己隔離於紛爭之外，情緒或壓力可能可以暫時得到疏緩，真正問題卻沒有解決。

這樣的情況可能導致的結果是，不論去到哪裡，類似狀況透過自動化反應重複地發生，每當感覺到壓力或痛苦時，便習慣性的情緒隔離或逃開，形成關係裡的遊牧民族，難以在關係中深化及扎根，當身心症狀發生時，也難以連結到真正的原因及脈絡。

▶「人人好」的背後是有所期待的

上一節談到阿貴與家人的情緒切割延伸到職場，這一節我們持續探討情緒切割的不同個案。

美華爽朗的笑聲，幾乎是所有人對她的第一印象，她的青春與熱力很難不吸引人。大學剛畢業那年，她一腳跨入保險業，從事業務工作。從小美華家裡經濟狀況不太寬裕，父母常

常為了籌錢而東奔西跑。她總期許自己可以改善家裡的經濟狀況。因此，她很早就決定要從事業務工作，她認為業務工作應該會比領固定薪水的普通上班族能有豐厚的收入。打從踏入公司第一天，美華就對自己的工作抱著很大期待與熱情，因此總是主動積極參與部門的各項活動，不論是慶生會、聚餐、例會或任何形式的會議，她不僅不缺席，而且常常是第一位投入活動籌備的人。

美華可以跟任何人聊天，喜歡製造歡樂氣氛，與同事之間相處也超級熱心，做事常常一馬當先，也不太計較大小事。任何人找她幫忙，她也從不拒絕，即使自己沒法勝任，她也會想辦法找資源來協助解決同事的問題，因此在同事眼中是典型的「人人好」，有求必應。美華跟整個部門裡的人事物都很融合，她歡喜地把大家當成一家人，不分你我。不過美華忘了一件事：她是因為對業務抱著很大期待，才選擇這份工作；同時，公司也因為她對業務的熱忱，而決定錄用她。然而美華卻把工作場域中的先後順序、輕重緩急給搞錯了。

「業績」是考核業務人員的最終標準，偏偏美華的業績幾乎都是部門裡墊底的。若是一次、兩次墊底也罷，但已經三年了，不管各種競賽都一直是吊車尾的狀態，看不到她的進步。年終業績考核後，績優人員可以出國旅遊，美華只能眼巴巴看著同事輪流開心出國旅遊。

「我明明就為公司付出那麼多，沒功勞也有苦勞，這一點

不應該嘉獎、肯定我嗎？」

三年下來，美華漸漸對公司有些失望，感到心灰意冷，與同事間的互動也不像以往那樣熱絡；她突然不再帶頭參與公共事務，對任何活動也採冷漠以對。對主管的要求或交付的事，她都愛理不理；同事傳訊息給她，不是不讀不回，就是已讀不回；同事間邀約聚餐，她也憑自己的心情好壞來決定參加與否，不再像以往盡情配合大家。

同事們和美華的直屬主管淑惠都觀察到她的變化，主管於是主動找她談。

面對主管的關心，美華終於按耐不住，將委屈都表達出來。

「為什麼我為公司付出這麼多，可是出國都沒我的份？」美華表達不滿。

「出國是要看業績，妳的業績並沒有達標。」淑惠說。

「我很多時間都花在公共事務上，都在幫大家忙，也常幫妳跑腿，工作時間自然會被排擠到。」

「哎，我知道妳幫大家做了很多事，但妳是業務人員，公司的考核標準就是依據業績，公共事務並沒有列入。妳要不要試著專心衝業績？只要衝出業績，不管第幾名，我一定幫妳爭取下次出國的機會。」

淑惠盡可能鼓勵著美華。

但美華不領情，很沮喪地離開兩人會談的空間。

■ 人際關係與工作的先後順序

善良的美華對家庭始終想盡一份責任，這份良善動機也轉移和擴及到職場上，只是她自己沒有察覺為何如此，是否因為源自於在家中沒有得到愛與肯定。

美華在家排行老四，有三位姊姊，一位弟弟。從包文理論的手足位置來看，美華是「有姊姊的么妹」，這樣手足排行的個性大致上是熱情、衝動、喜歡變化與刺激，為了得到認可與讚美，總是非常努力。美華正符合這樣的特質。當美華的弟弟出生後，得到極大的關注與照顧，美華感受自我價值瞬間跌落谷底，因此在家裡就更加倍地討好長輩，默默努力做很多事，希望被看見、被肯定；偏偏父母親太重男輕女，常把「都是為了生妳弟弟，才生妳」這句話掛在嘴邊。父母親無心的一句話，卻讓美華心碎。在此並非要責怪父母輩，畢竟上一代的社會風氣與價值觀是如此。所以與其期待長輩觀念改變，不如讓自己轉換心念。但這的確不是容易的事。而美華正是這樣價值觀下的犧牲者。

美華內心深處有很深的孤獨感，不覺得有人會真的與她站在一起。因此在職場上，很自然把對愛的期待移轉到同事之間。在家裡得不到的溫暖，就從同事與主管之間找來填補，所以熱心於各種公共事務，依著這份動力而採取行動；但結果卻沒能如願和大家一起出國，對被愛的期待因此落空。

如果美華可以把想獲得的愛與肯定，以及與他人良善互動的目標，移轉到對客戶之間的經營上，相信業績一定會有更好的表現，畢竟她很願意與人相處、為人服務。可惜美華把過多心力放在公司內部人際經營，沒讓自己邁開腳步去衝刺業績，久而久之，業績一直掛零的結果，反讓她更怯於面對客戶，更加把自己框在一個「跟同事相處融洽」的假象與藉口裡。

無法拿到憑實力贏得的獎勵，這點讓美華更失落，但她並未自覺到這正是逃避面對事實所形成的惡性循環。美華自然認為是別人辜負她，而業績沒起色，「不是我能力弱，只是我不想做」。深信如果大家都能肯定她的付出，就會做出業績，也能開心和大夥兒一起去旅遊。但當公司裡裡外外都讓她失望，最後就改以冷漠來回應，逐漸地從疏離到情緒切割，把情緒切割當作是自保的方式，以免讓自己失落更大。

後來美華跳槽到另一家更大的公司，過去令人愉悅舒服如陽光般的笑容又回來了。美華在人際關係中像遊牧民族，剛開始會試著與人親近，力求表現，試圖讓自己在他人眼中是最好的、被認同的。

但美華自始至終錯置了關係與工作的先後順序，但如果當事人不願意面對這項盲點，那也是無解的。被認同與肯定的需要，源於早期成長經驗中的匱乏，因而不停在各種人際關係中追求著。然而把自我認同建立在他人眼光上，往往在過度付出後耗竭，此時心生不滿或怨懟，強大的失落感只會讓自己漸漸

在關係中淡出，以情緒隔離來免於更大的痛苦或失落。

　　人際關係的遊牧民族，渴望與他人靠近，卻找不到妥當方法，在受傷後只能離開自行療傷，再往下一段關係冒險，如此重複著。

　　其實美華只要願意真實看見自己、肯定自己，而非外求，不要一味仰賴他人的讚美與肯定，即使得不到他人的認同，只要明白「力量來源是自己」的真諦，那麼這樣的美華才是真正給人溫暖、開朗的小太陽。

自我覺察練習單

一、坦承自我：

真實的我是

真實的我感受到的是

二、覺察自我：

我發現我的需要是

我真實的想法是

三、調整自我：

我可以做什麼？

我準備如何做

四、接納自我：

我知道我有 ＿＿＿＿＿＿＿＿＿＿＿＿ 優點

我要肯定 ＿＿＿＿＿＿＿＿＿＿＿＿ 的自己

我尊重自己做 ＿＿＿＿＿＿＿＿＿＿＿＿ 的選擇

2-3 手足位置
如何影響人際關係

　　根據許多人格理論學家的研究與觀察，每個手足位置都有強項與特質，並沒有哪一個優於其他位置。但排行的確是影響人格特質關鍵因素之一。

　　因此，即使在同一家庭，成長經驗也不會一樣，例如，老大可能善於領導，老么則較為圓融討喜。而排行中間的子女，性格多元有較多的樣貌。

　　以下將以兩位截然不同的中間子女為例說明。

▶ 像是獨生女的中間子女

　　在職場上有一種非常善於單兵作戰的工作人，所有上級交辦的事務，再艱鉅，一個人也可以搞定，且能交出漂亮的成績單。戰鬥力很強，主管不用擔心他的能力；然而卻總是形單影隻、獨來獨往。如果是男性，更顯孤傲；如果是女性，雖偶爾能與同事打成一片，但多數時間是獨自來去，很少見她成群結

伴吃飯逛街，更違論與同事談論八卦是非。他們通常讓自己置身各種是非之外，獨善其身，同時也意味潔身自愛。

上有哥哥、下有弟弟、排行老二的心潔就是這樣的例子。

心潔很早就體認到女性一定要經濟獨立，因此對工作與賺錢非常熱衷。離開學校、踏入職場後，幾乎都把時間投注在工作上，會主動規劃自己的工作進度，且執行效率很好，深受主管們賞識。善於單獨行動的她，如果有必要，也能和團隊一起執行任務，但僅止於公事公辦，人際之間的交流不會太深入。心潔不會輕易與同事們分享個人私領域的事，不喜爭功，不好交際。習慣保持低調行事，不加入辦公室的小圈圈，也不與同事聊是非八卦。

在同事眼中，她是工作狂。因為提到工作，心潔就兩眼發亮；但如果約她喝咖啡、聚餐，她會明顯把興趣缺缺寫在臉上；為了避免被貼上「孤僻」標籤，偶爾會現身聚會場合虛應故事，維繫基本的同事情誼。

對心潔來說，工作上的挑戰完全是自發性的設定，和別人的競爭無關，所以總是聚焦在自己能否達到目標，沒有預設誰是對手。但她自己設定的目標，卻不見得與公司的目標一致；如果恰巧相同，她就參與公司的方向或競賽；萬一不同，心潔就跟著自己的步伐走。她始終都能順利依照自己的計劃運作，而且還表現不俗。

她一個人可以抵過一群人的績效，因此上司喜歡她，公司也重用她。經過時間累積，心潔的年資與考績都是被拔擢升遷最好的背書。但當主管要提拔她時，心潔的特立獨行惹來許多閒言閒語：

「心潔每次都一個人來來去去，不太合群耶。」

「她不太理別人，滿驕傲的樣子。」

除此之外，也有人對心潔充滿好奇，想要拉攏她加入小團體的社交圈。這些想要親近的同事盤算著，多親近被主管拔擢的人，總會有益處。

即使心潔主觀認為自己不沾鍋，但在旁人眼裡，對她有各種不同評價。換言之，心潔怎麼做，都會有人說話。

批評聲音延續到公司組織有了異動、人心跟著浮動時達到最高點，因為當時有高層主管要跳槽，而且很欣賞心潔，因而想要說服她，一起離開舊公司，投向新東家，但心潔婉拒這邀請。

心潔這麼分析著自己：「我雖然獨來獨往，但有自己的目標。那位想帶我跳槽的人，不是令我心悅誠服的對象。我寧可相信自己，留在熟悉的環境，雖然平常我跟大家不太親近，但在人心浮動的此時，我更不會跟著大家一起鼓譟。」

那位不被心潔領情的主管，因而惱羞成怒，開始放出各種對心潔不友善的批評。

心潔不明白她盡力做好份內的事，保持低調，不與人為敵，為什麼會惹來這些批評。

■ 包文理論中的三角關係

我們回頭看心潔的成長經驗。

心潔在職場會選擇保持低調，其實與在家排行老二，又身為家中唯一女孩有關。換言之，她不讓自己與同事有太多深入的接觸，源於成長過程裡經常面對父母親的衝突。

心潔的父親是很典型的大男人，母親是家庭主婦。父親下班回家後，三不五時就會挑剔母親的毛病，覺得她什麼都不會；母親被挑剔久了，也會有情緒，因此兩人常起爭執。心潔排行老二，上面是哥哥，下面是弟弟，也算是獨生女，所以父親比較疼她。每次爸媽爭吵時，心潔就會挺身而出保護母親。

「其實我什麼話也沒說，但只要我出現，爸爸就會比較收斂。可是媽媽會因為我站在她這邊，反擊爸爸的力道就會變強。」

心潔成了包文理論中典型的三角關係，也就是最脆弱的第三者被捲入成為三角。

心潔長期處在父母親的三角關係之間，對她的成長有很大的衝擊。

作為孩子，面對父母的爭吵當然會很驚恐，但她也害怕如果自己不在三角中，父母的爭吵會更失控，於是進入三角關係，同時切斷所有自我的情緒感受，只要沒有感覺，就比較自在，也不會害怕。

久而久之，心潔自然不再感受情緒，人際關係也從疏離到隔離，獨來獨往是防止自己陷入衝突的無助狀態中。

心潔的哥哥是個性溫和的乖乖牌，小時候總和弟弟一起看漫畫、打電動。

「我有哥哥跟弟弟，但在父母衝突時，我想不起他們人在哪兒？」

這也是心潔成為孤鳥的另一個關鍵。如果面對父母親的問題，都可以獨自撐過去，那麼在職場裡也一樣，心潔同樣不認為同事夥伴有所幫助，與其期待有同伴，不如自己積極行動更實在。

因此，在心潔自己的認知裡，不想衝突，只能靠自己；然而在別人眼中卻被解讀成了獨來獨往、缺乏感覺的冷漠份子。

有哥哥姊姊與弟弟的中間子女

佩琪也是中間子女，但跟心潔的類獨生女不同，她上有哥哥、姊姊，下有弟弟，佩琪排行老四，成長過程就像透明人，一直被忽視，彷彿大人都不記得還有這孩子的存在。

與心潔相反，當父母親吵架時，佩琪的哥哥姊姊們都會介入，各自選邊站或是當和事佬，唯有佩琪安靜當旁觀者，哥哥姊姊也始終不會找她加入戰局。

過年時，小孩們領紅包，長輩們會告訴佩琪：「哥哥姊姊

年紀比較大，所以領得多，妳比較小，領少一點。」曾經有一次，姑姑還當著佩琪的面給哥哥姊姊額外的零用錢，只有佩琪沒有，理由是：「妳比較小，不需要用零用錢。」

「我總是看著紅包從哥哥姊姊一路發過來，到我眼前就沒了，但是弟弟卻有，我就這樣硬生生地被跳過。」

佩琪並沒有被大人的理由給哄騙過關，她知道自己是被忽略的中間子女，長期不被看見，加深了自我價值低落的情節。

雖然大人總是把她視為空氣，但佩琪沒有放棄爭取大人的青睞。她看到哥哥姊姊生病時，父母在旁呵護，為了渴望吸引大人們的目光，她甚至希望自己是個生病的孩子。只要能被大人注意，生病都值得。

曾有長輩讚許佩琪「很乖」，因此佩琪不像一般小孩那樣為了吸引注意，就不擇手段地吵鬧。她反而有了一個信念：「只要我乖，不要惹事、不張揚，這樣不僅不會惹爸媽生氣，他們還會看見我、肯定我。」

因為很乖，終於被看見了。

乖巧，成了佩琪隨時惕勵自己的座右銘。

最乖的佩琪在職場上，深信工作要盡力達標才是好員工，因此跟心潔一樣很獨立，可以一個人完成任務；佩琪盡責地把份內工作做好，從來不爭權奪利，她相信把事做好比什麼都重要，因此長官也很願意把任務交託給她。

但和心潔情緒隔離的態度不同，從小被忽視的佩琪喜歡跟

團隊情緒融合，希望跟大家在一起，尤其是直屬長官。這和她從小不被長輩看見有極大關係。因此佩琪踏入職場後的表現，一路都深受主管們肯定，自然也會不斷提攜佩琪，讓她有舞台表現。

乖乖牌的佩琪不希望在職場上的人際重蹈在家中被忽視的覆轍，因此與同事們的互動始終保持友好關係。可是令她不解的是，既使不為名利，當她表現愈好，愈有同事眼紅而開始攻擊她。

「為什麼是佩琪升職？」

「佩琪有什麼資格當主管？」

這些聲音都讓她飽受委屈與冤枉，畢竟她只是「乖乖的」被動接收，從來也沒算計過自己要如何出頭。

同樣身為中間子女，不論是情緒隔離，如心潔；還是情緒融合，如佩琪；她們都習慣獨來獨往，習慣單獨作業，也不與同事組小團體或道人是非，總是很有效率地完成份內工作，也都是主管們心中的好部屬，可是為什麼當她們把自己放在鎂光燈找不到的位置上時，依舊會被流彈波及？

在心潔與佩琪的角度可能會有所疑惑，但擴大到系統觀點來看，她們把自己放在人際圈之外，以為可以獨善其身，反而更容易引起注意。這也是包文理論強調要從不同的系統觀點觀察問題，而不是單點的因果思考。

手足位置與升遷的關係

一提到獨生子女，大家多少會有刻板印象，像是：任性、嬌生慣養、不耐磨合、唯我獨尊等，其實有許多獨生子女是相當自律而且自主，在工作上的自我要求極高，同時也是完美主義者。

小陳是我曾經輔導過一位相當帥氣且很有長輩緣的中階男性主管。工作能力與態度都很好，有明確的人生規劃並且很自律，在長輩圈是人見人愛。在我輔導他的過程中，即使是站在引導者的位置，也都不得不承認他真的是態度良好且貼心的晚輩，因此不難想像他在工作領域裡也備受主管們賞識。

就能力與態度來評估，小陳在工作上應無往不利，升遷也應不會有太大的問題，然而事實並非如此。人跟人之間的距離或親密感，可能反而成為最大的絆腳石。

在輔導期間，小陳曾鬧出一個事件，讓我看見「你儂我儂」的情緒融合狀態，並非是人際關係中好的發展方向。

■ 享受被關注的獨生子

那天，小陳和他的團隊一群人氣呼呼地從外頭走進來，我不曾看過小陳變臉生氣，但那天他整個臉垮下來，悶不吭聲。於是我找他的主管一談，才明白事情原委。

小陳是老饕，對美食很有見解，也喜歡嚐鮮。那天是每週的例會，他打算帶大夥兒一塊去公司附近新開的餐廳。沒想到當天中午的客人很多，主管覺得環境太吵雜，就近選擇了另外一家較安靜、空間更寬敞的咖啡店開會。小陳因工作而晚到餐廳，卻不見同事，氣急敗壞地打電話給同仁。

　　「你們人在哪？我在餐廳沒看到你們！」

　　「那家餐廳太吵，我們改到旁邊的咖啡館。」同事告訴他。

　　小陳一聽之下氣炸了！一到咖啡館就對同仁開罵：「你們明明知道我多期待跟大家一起去試吃新餐廳，我都忍著沒自己先去，好不容易等到今天開會，你們竟然擅自換地方，也沒先讓我知道，我對你們很失望！你們怎麼可以這樣？」

　　小陳的主管馬上解釋：「因為開會人數真的太多，而且需要安靜一點的空間，吃什麼其實不重要，我們可以再找時間一起去那間餐廳。」

　　「你們還是不懂我的意思。我不是在乎要吃美食或吃什麼，是你們忽略了我的心情跟感受，你們並不在乎我期待跟你們一起分享的心情！」小陳不斷強調自己的感受被忽視。

　　看到這裡，讀者們可能會覺得小陳的情緒過於起伏與誇張，不過就是換個開會場所而已，為什麼要發這麼大的脾氣？然而對小陳來說，他習慣把別人的感受擺在第一，因為他在乎也重視他所在意的朋友與工作夥伴，希望周全地照顧身邊每一

個人，因此也期待自己的感受能被別人「同等」重視，而不是被草率對待。

■ 我在乎的是感受

「感受」對小陳來說，比什麼都重要。為什麼？

每個人的個性、價值取向，都和原生家庭有關。小陳的父母親都是受過良好教育的知識分子，家世背景很好，由於高齡才生下他，因此沒有再生第二個小孩。身為獨子的小陳，匯聚了雙親所有的關注，不過父母親並不因此寵溺他，而是細心營造豐富多元的教育環境，除了學才藝、出國旅行，連小陳的自主性、自律與自信，都在父母的教養範圍中。因此，小陳是我極少見過清楚自己優勢、有目標並能肯定自己的年輕人。

小陳在校成績雖然不壞，卻不是讀頂尖名校；工作能力與態度整體表現雖好，但也不是頂尖業務；很受主管青睞，且自己面對各種獎勵競賽也都能有中上的表現。

讀者可能和我有同樣的困惑，整體表現穩定的小陳為何一直停留在中階主管的位置，遲遲無法向上晉升，這也是我最初與他會談時的疑惑。

前面提到小陳的特質，很重視人際互動與感受。這是優點，而優點的反面，正是小陳的阻力來源。

小陳很重視彼此的感受，更在乎是否被關注。如果一位

主管花很多心力關注夥伴們彼此的感受，總是直覺性的感情用事，那又如何能客觀看待每一位部屬的表現及評估團隊績效？

比方說，同事負責一項新的專案，小陳不吝於主動給對方各種鼓勵與關心，像是「進行得如何？」、「我會支持你！」這類的話，皆發自內心，而不是客套或矯情；但同時他也會期待自己獲得同樣的支持與回應，輪到他辦活動、處理專案時，同事們若沒特別關注他，或關注得不夠多（**不如他的預期**），就會陷入失落狀態，「怎麼沒有關注我！」他要的關注不一定是肯定或者讚美，指教與不同意見都可以，只要感受到別人有關注、沒有忽視他，就會很有戰力，因為希望自己常常被看見。

因此就不難理解為何選餐廳這件小事都會引起這麼大風暴，但那也不過是個導火線而已。

小陳是讓上司放心的部屬，這種信任關係卻未直接垂直向下延伸。他身為中階主管，對部屬照顧有加，部屬要出去拜訪客戶，他都希望參與，他的初衷不是緊迫盯人，只是希望給予陪伴，以免新進人員遇到狀況求助無門。

就像他的成長經驗，雙親給予足夠的關注，讓他得以在滿滿的愛之下成長，因此當有能力成為別人的後盾時，就理所當然的挺身而出；立意雖好，久而久之卻讓部屬變得依賴且無法獨立作業。

小陳與部屬間的溝通也是這樣緊密，比方進行績效討論時，他不重視數字，而是在意感受。

　　因此開會時最常問的一句話是：「你的感受是什麼？有什麼事都可以告訴我。」

　　當部屬反應真的沒特別感受，也沒有事件需分享時，小陳會感覺被忽略，如此回應：「你一定有感覺，如果沒有感覺，表示有事不跟我分享。」

　　長期下來，部屬不僅常無言以對，也對「如何應對」感到壓力。

　　這樣的狀況也延伸到其他方面，當部屬用通訊軟體傳訊息給他，比如Line，他一定即刻讀取並回應；反之，部屬沒有馬上讀或已讀不回，就覺得部屬忽略他。如此緊密的互動關係，不僅讓部屬感到窒息，小陳自己也困於感受中而無暇放大事業格局，讓自己有更多的空間經營組織。

　　企業中，組織經營並非一人之力可為，而是需要整體工作夥伴的支持與協助，在組織中這麼過度的情緒融合，不僅讓現有的部屬難以支持小陳，也導致組織無法擴大，因為部屬擔心若推薦新的人員進來，也要跟自己一樣被關心到窒息，存有很多疑慮。

　　這是小陳往上升遷受阻的一個原因。

■ 不討好，也能維持好關係

　　另外可參考討論的資訊在於「手足位置」中，小陳是獨子，在包文理論中提到獨生子有以下幾項特點：

- 終其一生喜歡與年長者為伍。
- 自信，且可能過度自信。
- 享受關注，成為注意的焦點。
- 沒有成為父親的動機，但可能縱容或過度保護小孩。

　　小陳幾乎符合上述「手足位置」的獨生子特質，尤其是最後一項，「沒有成為父親的動機」，這可能是阻礙他往上升遷的另一關鍵因素。

　　公司組織是金字塔形，越往上晉升，職位越高，意味著會越孤單。小陳很需要同儕之間大量的親密感，就算需要過多的「自我交換」，成為別人眼中對自己期待的樣子，對小陳而言都不是問題；反之，若要割捨人際間的親密感，反成他難以面對的不安和壓力。

　　另以家庭投射歷程的角度來看，家長可能不經意的把情緒焦慮傳遞、發洩給孩子，或者透過相處，孩子也會潛移默化的吸收家長的情緒。

小陳是獨子，父母親太聚焦他的感受，也會期待他成為父母想像中的樣子；例如在品格上要禮貌、勇敢、溫和、謙虛等，在能力上，培養他有自己的興趣與熱情，除了這些有意識的提供外在環境，再加上父母親潛意識的身教和潛移默化的作用。

　　如果父母親一直過度關切孩子，表面上雖然以一種開明的態度，彷彿在和孩子討論，但事實上孩子可能無法承受自己表達不同意見時，父母的失望表情，或者難以拒絕成為父母口中的驕傲。

　　無法直接表達自己，就會順著父母親的期待反應和表現。久而久之，孩子也會複製「緊密表示我們很親」的價值觀，套用在人際互動上。

　　在與長官、長輩相處時，會極力討好與表現，以獲取他人的肯定與認同；和同儕、部屬相處也是如此，要求同喜、同悲、同進退才叫團隊。

　　管教與適性發展的拿捏，很多時候是一項困難的課題。父母需要在孩子成長社會化的歷程給予規範，教導為人處世的道理，然而在過程中若形成太多聽話才是「好孩子」的框架，必須優先滿足他人，過度強化功能性自我，那麼個人的基本自我將無法好好發展，這就是來自小陳的家庭投射歷程。

自我覺察練習單

一、我在家中的排行是？

二、我因為在家中的排行而有的特質是什麼？

這個排行帶來的好處是：

這個排行帶來的壞處是：

三、我要保持哪些特質，為什麼？

四、我要調整哪些特質，為什麼？

2-4 高低功能者是互惠模式

常常聽到一些朋友抱怨自己在工作團隊中付出很多心血，周遭的工作夥伴卻常常兩手一攤，宛如事不關己。然而事實真的是這樣嗎？

扛責的角色與位置，不能換人做做看嗎？究竟是主動選擇，還是不得不的被選擇？這角色除了帶來負面的感受外，有沒有也帶來某些好處？

根據包文理論，高功能與低功能雙方是一種互惠模式（reciprocity），當以自己為主導角色（高功能者），迫使另一方（低功能者）配合時，主導的一方會要求配合者順從並聽話照做，以得到更多配合者的自我。然而，這樣的狀態到底是誰失去了自我？

少了我就不行的高功能者

在包文系統理論中，高功能者的特色大致可以彙整如下：
· 認為自己想的才是最好、最正確的。

- 努力在各方面呈現到最完美。
- 告訴別人「應該」要怎麼樣才對。
- 自認可以擔起更重要的責任。
- 接手對方可以勝任的事情。
- 對別人感到不耐煩、視對方為「麻煩」。
- 以「顧全大局」，要求別人改變。
- 當對方不配合就貼標籤。

前幾年，我在工作場合認識了一名中年女性江姐，她是一位幹練的中階主管，卻苦於無法突破升遷。江姐非常有責任感，性格直率，敢說敢做敢當，不僅扛下自己的工作，如果有她看不下去的爛攤子，常常是二話不說，立馬出手解救危機。因此，她是上級長官們最信任的中階主管，只要把事情託付給她，不僅能快速處理，而且是品質保證。她也常當同事們的救火隊，照理說被救的人應該會很感謝她，但事實卻相反；同事之間並未因為她的兩肋插刀而有所感動，更沒有進一步的情感交流，為什麼？

乍看之下，江姐救火的動機很簡單，爛攤子若不收拾，可能會讓整個團隊進度停滯或遭遇危機；然而真正擔憂的是，在覆巢之下無完卵的生存焦慮，為了不受池魚之殃，危及到自己，因此先出手協助，免得牽連受累。

她的信念是，「你爛，我也會爛，你倒，我也會倒」，但

把危機處理好後，容易呈現「少了我，你們就是不行」的態度。與其說在展現能力，背後更深一層的感受是，當有人無法負責時，她的挺身而出是無奈的，也是憤怒的，因為是出於自我保護而來扛責。有時因為過於直接與主動，導致被營救的同事與主管充滿著威脅感，更因為跨越了職場分層負責的界線，因此直屬主管難以敞開心胸肯定江姐的作為，在職位上也不願拉她一把。

江姐在職場上的積極態度，就是典型的「高功能者」，因為她總是事事承擔下來，也會引發身邊的人傾向成為「低功能者」。高功能者與低功能者不是單一方想怎樣就能怎樣，這是一個雙方互惠的狀態與過程。

■ 高低功能之間的關係，能解套嗎？

在職場上扮演高功能者的人，往往在家庭也是這樣的角色。江姐在家裡排行老大，有弟弟妹妹，雙親都是社會底層的勞動者，到處打工維生，撐起全家生計；因此家庭環境較困頓，一直被歸在低收入戶。父親做事不積極，工作常常有一搭沒一搭，因此經濟重擔落在看不慣父親作為的母親肩上。為了分擔雙親的辛勞，江姐從小就扮演小媽媽的角色，照顧弟弟妹妹的日常生活。

她很早就發現領取獎學金是最快的賺錢方式，因此從小

在學校的成績都非常優異，從小學到大學，獎學金始終沒間斷。這些獎學金也成了支撐他們家庭經濟的重要來源之一。當母親漸漸年邁，扛不下來的責任就逐步轉移到江姐身上，長期以來，江姐的家庭關係呈現是一個擺爛、一個負擔，當負擔的人無法承受時，再由另一人承擔……。這樣的狀態延伸到後來在職場上呈現的現象，江姐所遇到的問題也是一樣：同事擺爛，她承擔。

一直身處這樣的模式，讓江姐很不快樂，卻也無力改變現狀。

「當年在學校那些成績比我差的同學都出國唸書了；在其他企業、機構上班的同學，薪水比我多，升遷也比我順遂；我賺的錢好像都不是我的，做出來的成績，好像也都不是自己的。」

江姐所有的一切都是要貢獻出去，離自己的期望太遙遠。唯一讓她有存在感的就是不斷透過表現、加薪，然後往上晉升，但是因人際關係不好，升遷這件事也不如預期中的順利。所以當做的事情越多、立下的功勞越大，失落感就越明顯。

江姐不管在哪個場域裡，都習慣扮演高功能者的角色，與她產生關聯的家人或是同事，會因此成為低功能者。真的是別人能力不好，導致江姐一定要這麼辛苦嗎？高低功能之間的關係，能解套嗎？江姐可以不要選擇站在高功能的位置上嗎？

答案是：當然可以。

人際關係中往往需要由高功能的人主動先讓自己後退一

步，同時把標準降低，不介入、不插手，低功能的人才有空間提升；若高功能者不自覺自己的處境，不懂得鬆手，即使由低功能的人主動出擊，也不容易產生關係改變。

被動的低功能者

　　江姐是典型的高功能者，雖然高功能者的氣焰常讓人無法忍受，但我們容易同情他們，畢竟高功能者一直在行動做事。相較之下，低功能者就較不容易得到同理。

　　人際往來中，每個人多少會配合他人，有時為了讓事情進行更順利，有時為了對方而願意屈就自己，而有時是為了讓自己得到他人認同。

　　倘若一個人習慣交出自我，長期處在「配合的位置」，終將逐漸喪失為自己做決定的能力。長此以往，會進入一種失功能狀態。這些狀態可能反應在身體疾病、情緒性症狀或社會性失調，像是酗酒、違法以及不負責任的行為。

　　低功能者的特徵大致歸類如下：
- 無法做任何事或決定，最好都由別人給答案。
- 就算是一點點小事都很害怕犯錯。
- 對於任何幫忙，就算不需要也總是來者不拒。
- 自己就能勝任的事情仍傾向於被動等待。

・認為自己就是一事無成的「麻煩製造者」。

・以「大局為重」動搖己見。

・三不五時呈現病態和懶散。

・別人的要求就算不合理，也不說出來的委屈自己。

　　當我們愈想幫助低功能者，往往低功能者的狀態會愈糟。我曾經輔導過一位中年男子阿忠，就是低功能者。

　　阿忠本質不錯，個性溫和，原本在房仲業擔任業務，面對上門看房子的客戶都彬彬有禮，可是始終沒辦法順利成交、提升業績，最後實在混不下去了，只好離開房仲公司。之後他開始在職場流浪，常常三天捕魚、五天曬網，從事過直銷、保全、清潔公司，但沒有一份工作可以持久。

　　雖然阿忠太太有上班，但他們育有三個小孩，阿忠不穩定的工作狀態，幾乎讓家中的經濟狀態陷入紅色警戒。但是阿忠並沒有危機感，在家裡不是滑手機，就是看電視，什麼事都不管，家事讓三個小孩輪流做，不理會小孩考試要溫書。太太也叫不動他，而且還會對太太的指令心生怨懟，覺得太太看不起他，壓迫他。阿忠在家的狀態，後來完全反應在職場上，消極被動、滿腹牢騷。

　　阿忠始終沒看到自己面對家庭、職場與生活的消極態度。後來我才知道，阿忠的父親在家中也是一個缺席者。阿忠的父親很年輕就結婚，但不想被家庭責任束縛，成天在外頭跟朋友

廝混，總是以自己的喜好為考量，似乎忘了自己已經有家庭妻小要照顧和陪伴。阿忠受到父親的影響，耳濡目染，也只在乎自己的感受，未曾把妻子小孩當成自己的責任，更遑論工作，做什麼都不積極，讓他太太簡直要抓狂。

夫妻關係是互補的，而高、低功能者是互惠的，當一方呈現低功能時，另一方就是高功能者。阿忠的太太某種程度就是高功能者，婚前兩人會覺得這樣互補是美好的，但婚後開始經歷現實生活的考驗後，原本互補的美好可能就成了一場可怕的夢魘。

■ 舒適圈中的低功能者

阿忠在家、在職場都是一位被動的依賴者，即使太太、長官都希望他學著承擔，但他已習慣被推著走，不願意自己主動思考，只想要一個口令、一個動作，而當口令下達，還不見得馬上會採取行動。

人與人之間，有相對性的關係與角色，有相對的期待，才有對應的行為。但是對低功能者，卻較難有所期待；反觀低功能者，也會有被迫、被壓榨的委屈感。

低功能者的世界跟別人不太一樣，他好像沒有為工作與生活積極主動的能力，當然有可能是不願意承擔後果與責任，因此不喜歡被人追問進度，也不想主動表態。

阿忠跟太太之間常有的對話是這樣：

「這個月的水電費你繳了嗎？」太太問。

「妳沒說，我怎麼知道要去繳錢？」阿忠回答。

又或者太太預設阿忠叫不動，乾脆自己做，結果阿忠的反應是：「妳沒讓我做，我怎麼做？」

同樣的，阿忠到了職場，也呈現同樣的反應。

低功能者受不了過多的提問，會覺得自己被要求、被質疑。相對的，在職場上，主管也會受不了低功能者的反應，因此兩人碰在一起，常有如下的溝通狀況。

低功能者說：「你好好跟我講就好，幹嘛口氣這麼差？」

高功能主管受不了低功能部屬的一再推拖：「這是基本認知。你已經做過好幾次了，還需要我講嗎？」

這些對話模式，不管是在家面對妻子，還是在職場面對主管，低功能者常呈現一種被動且無辜的姿態；一旦被逼急了，就會反過來埋怨他人、埋怨現況、埋怨機運。

以阿忠為例，低功能的父親和高功能的母親，加上和母親相處時間多於父親，除非母親對自己的高功能角色有所覺察，在與阿忠互動中能減少單方面做太多的狀態，否則以阿忠在家裡的角色位置，很容易如同父親，與母親成為互補的高低功能互惠模式。

這樣的模式形成阿忠人格中的一部分，成年後複製到其他人際關係中，包含伴侶關係與職場人際互動。

■ 改變自己的功能位置

　　功能性位置的形成，不單是由任何一位家人計劃或刻意所能形成，它是長期經由家庭情緒歷程，也就是家庭傳遞和處理焦慮的方式，所創造出一個人的功能性位置。

　　如果你覺察到自己屬於工作與生活都很辛苦的高功能者，可以試著先讓自己的狀態向後退一步。高功能者的你，可能沒發現自己需要外在成就來肯定自己，需要透過滿足別人的需要和期待來證明自己的價值。但如果把這些肯定認同自己的力量放在別人身上，自然會覺得辛苦。

　　反過來說，如果你還沒有準備好要褪去高功能者的角色，或許可以換個方式想：我在高功能位置上，享有光環與成就，那些績效不如我的同事對我是羨慕的。

　　因此不要一味地想擺脫自以為的苦，卻忘了在這個位置上享有的權力與好處。

　　相同的，低功能者也跟高功能者有同樣的心情。

　　或許你以為自己不如他人，老是被苛責，沒有遇到賞識自己的伯樂和能展現才能的舞台。但如果經過自我觀看覺察，可能會看到自己不想承擔責任，喜歡躲在高功能者背後的一面，因為只要有人扛著，就能輕鬆，不辛苦。表象上的代價或許是績效不佳，但實質上卻可以不用像高功能者那麼緊張與忙碌。

　　這就是思考的一體兩面，從不同角度來看自己的選擇後，

每個人對自己所處狀態的那種無力感就會減少許多。

　　永遠不要忘記：選擇權在你。你可以選擇何時要在高功能狀態，讓自己多表現一點；何時讓自己扮演低功能者，由別人主導與承擔。這是有彈性的，而非把自己逼到死角，好像別無選擇。

　　人生從來都不是只有單一選項，就看願不願意換個軌道試試看。下面的表單可以幫助你更認清自己的高低功能與情緒來源，請試著將所有的感想寫下來。

自我覺察練習單

一、每當家中／職場發生衝突時，彼此間的互動模式是？

二、每當特定事件或發生衝突時，我的自動化反應是？

三、我所處的高／低功能位置是？

我對此功能位置的感受是？

四、家中／職場，我期待的互動模式是？

五、特定事件或衝突，再一次發生時，我會如何選擇與回應？

2-5 組織中的情緒系統

　　原本在包文理論，談的是核心家庭情緒系統，在此將它延伸到職場，借用於核心家庭情緒系統來看組織的情緒系統。其實不論是在家庭或職場，都是系統思考（system thinking）。

　　什麼是系統思考？例如，人生病了，就是頭痛醫頭、腳痛醫腳。但是從系統思考來看，人是一個整體系統運作單位，除了對症下藥外，還要知道為何生病？是什麼原因導致身體的生理功能出現問題？通盤來了解系統，才不會落入微觀的狹隘視角。

　　把個人放大到家庭或職場，也是一樣的道理。公司的整體氛圍一定會影響個人，而每一個個體的狀態也會形成整體狀態，彼此相互影響且循環不已。因此，工作上有環節出了問題，例如業績無法提升、士氣低落、人員流動太頻繁或者老化停滯，都需要從整體面相來剖析理解。

　　以下我們就以「留不住人」為例，來進行系統思考，從宏觀角度來看個案的情緒出了什麼問題。

人才留不住，是八字不合還是風水問題？

曉燕是年近六十的大姐，她來找我時，眉頭深鎖。「再五個月，我就可以正式辦理退休，可是我想提前退休。」

為什麼要提前退休？五個月很快就過了，為什麼要捨棄優渥的退休金？

眾人的困惑，也是我當下的疑問。這背後一定有不開心或引發必須提前退休的事件。

曉燕在這家公司做了二十多年，已是中階主管。半年前公司組織有了大變動，來了一名比她年輕的高階主管。曉燕和新主管共事之後，覺得他很不友善，也常挑剔她的毛病。以職責來說，曉燕帶的部屬出差錯，自然要一肩扛起，可是新主管幾乎是用找碴的方式責難曉燕。每次他和曉燕談話，臉色都很難看，這讓曉燕感覺新主管是對人不對事，或至少是借題發揮在刁難。曉燕覺得自己在公司服務這麼久，也到了要退休的年紀，從來沒有這麼被羞辱、貶低過。

原本告訴自己要忍耐，再撐五個月就可領到公司為退休人員準備的紀念獎牌，那是肯定也是標竿。可是這份意志力已經在新主管的精神折磨之中逐漸耗損，現在曉燕只想早點逃離。

如果真想逃離或是為其他生涯規劃而提出離職，應該是苦日子倒數計時的心平氣和，而非眉頭深鎖，產生這麼大的情緒反應及失眠狀況，可能另有其他慢性焦慮。因此當個案來訪

時，我引導她去看見自己的狀態。

我引導曉燕思考，新主管是這半年多才出現的，對待她的方式或許的確感受不舒服；但她的反應與焦慮這麼大，真的只是因為這位新主管嗎？還是有自己未察覺的其他因素所致？

思考後，曉燕開始娓娓道來她的家庭以及與父親的關係，仍然與原生家庭有關。

◼ 未曾探索自我的乖乖牌

曉燕的父親是武漢大學經濟系的高材生，在那個年代，絕對是精英中的精英，因此對子女的要求也很高。「萬般皆下品，唯有讀書高」，是這個家庭的核心信念。曉燕的兄弟姐妹們個個高學歷，只有她因為數理不好而沒考取好大學，大學讀得頗辛苦，長期以來覺得自己的表現不符合父親的期待，對自己也相當沒自信。

我聽她說著父親的嚴厲要求，接著問她，「妳的新主管對妳的方式，跟妳的父親像不像？」

她愣一下，「對誒！」突然察覺到新主管對待她的方式與態度，跟嚴厲的父親很像，讓她想逃避。

曉燕服務的公司聚集了頂尖的優秀人才，這個企業文化塑造了一條成功輸送帶，只要新進人員按著公司所制定的路程步驟，一步一步往上，職位也會逐步進階。公司文化跟父親當年

對孩子的期待是一樣的。

「我爸總是安排好一切，照他的安排，讀好學校、嫁好老公，人生就等於幸福。所以我的工作是他認可的，丈夫也是他選的。我按照父親的意思，一直活到六十歲。」曉燕說。

如果不是來了新主管，曉燕也會依循著父親安排的模式，依循公司流程升遷與退休。

「我的成長過程很乖，爸爸要我做什麼，就做什麼。在公司也是，公司要我做什麼，也都盡力達標。但在這位新主管面前，我像是不及格的中階主管，彷彿回到當初大學聯考沒能考好，讓爸爸失望的女兒。」

曉燕情緒很挫折，也很低落。一直到六十歲，她才發現人生似乎沒有一天是為自己而活。

在家裡，父母親怎麼說，子女就怎麼做；踏入社會以後，公司怎麼規定，員工就怎麼按表操課。企業組織情緒系統醞釀了什麼氛圍，所有人員都會沉浸在其中，包括怎麼看待成功？怎麼理解團隊？怎麼定義成就？怎樣才是好員工？在組織中的每個人，都像孩子一樣，跟著公司文化或大家長的期待，一路前行。不合適的、太有自己想法的，就及早下車離開。而沒離開的你，是否會像曉燕，突然懷疑起自己：

「我這麼盡責，成為人才了嗎？都在符合公司期待，那我自己的期待又是什麼？」

曉燕從來沒有想過自己是什麼樣的一個人。喜歡或不喜歡什麼？人生的意義在哪裡？為什麼而活？從小一直依著父親期待和要求努力求學，力求學業上的好表現，然而父親所設定的標準與目標就像摸不到的天花板。早期成長過程所累積的壓力，早已無聲無息成為曉燕的慢性壓力，不停地想好還要更好。潛意識中得不到父親肯定，將未完成的心情與渴望轉移到其他人際關係和職場中。

當企業文化有條通往成功的輸送帶，順從聽話的曉燕從中還能往前走，得到好評，這是從小習慣的方式。知道怎麼做是對的，可以得到讚賞；然而，當新主管來到，輸送帶的路徑產生了變化，感受到被要求與挑剔，怎麼做都達不到標準，急性壓力就勾起慢性壓力中的焦慮。

曉燕所帶出的情緒歷程不只有近期的事件，還包含早期經驗中未被安頓的情緒。

我們需要了解個人系統發生什麼事，以致影響個別系統以外的人我系統和組織系統，否則就會陷入老是治標不治本的問題循環中。

為什麼找不到接班人？

曉燕是因公司人事變化，有了提前退休的念頭；相對的，也有因為無後顧之憂，安穩等待退休的公司文化。

有位企業主王老闆在教練會談中表示。

「我的單位新人進不來，已經面臨老化危機！」王老闆搖頭。

王老闆創業二十多年來，大環境景氣循環也渡過幾回合，應該可以退休享福了，但卻不敢退，因為公司組織老化，接班梯隊有空缺，他很擔心自己退休之後，團隊接不上來，公司經營就有危險。

公司組織出了什麼問題？

一般的企業組織架構呈現正三角形或扁平組織，但王老闆的組織結構像是腰圍粗大的菱形，基層人員明顯不足。為什麼基層人員這麼少呢？

王老闆的公司文化是主管們承攬責任，做太多也太照顧員工。例如，開會時，王老闆總是說：「這件事需不需要我來幫忙？」或「那個人要不要我幫忙聯絡？」或「需要我出面嗎？」

很多工作原本應由相關業務單位的人負責處理，但因同仁們常聽王老闆這麼說，自然就會回應：「好啊！」

多年下來，王老闆感到越做越累，全公司最忙的人就是他，什麼事都要經過他的手，他底下的團隊怎會有空間發揮？王老闆把自己和高階主管的角色表現得像是保姆，怕員工勝任不了，不停地在前頭叮嚀，也在後頭收拾。這樣的企業文化，除非年輕人沒有企圖心，不然只要有一點衝勁的人，應該都會

受不了。持續留在公司的員工，都非常習慣被老闆照顧，而不需要對自己負責。

▪ 主管不放手，部屬怎麼辦？

我問王老闆，為何不試著放手？

「我很怕員工衝突，也怕要求過多，他們會反彈。」

為什麼王老闆會害怕衝突？

透過引導深談之下了解，王老闆的父母是高衝突的伴侶，身為家中長子的王老闆，往往是父母衝突時要出面主持公道的那個孩子，也是父親負氣離家必須聽母親訴苦，接收情緒的那個孩子，同時被父母未解決的焦慮綁住的那個孩子，所以成長後的他非常抗拒人際的衝突。

王老闆不是沒有抱怨，但因害怕衝突，總是努力付出，可惜團隊並未因王老闆的用力付出，而成為一個團結的團隊，背後暗藏各種不滿的情緒，只是還沒有爆發而已。

另一方面，王老闆雖然也為母親的高功能和高控制欲所苦，然而母親撐起家是不爭的事實，因此王老闆經營公司如同母親撐起家一樣，事必躬親，什麼都管，什麼都要在掌控之中，怕自己有半點鬆懈公司就會垮了。如同當年在父親沒有拿錢回家，母親收入不多的狀況下，要「靠自己」籌學費、賺生活費一般有著戰戰兢兢的焦慮，而這份愈來愈龐大的焦慮，讓

王老闆像無法關機休息的機器，好好睡上一覺也變得很奢侈。

　　即使王老闆有自己的牢騷與危機感，員工們也有許多不滿，但是彼此都適應這樣的企業文化很久了，要改變並不容易。

　　對王老闆而言，與其大破大立，不如安於現況；對員工而言，與其要自我負責，被老闆保護還是好些。由此可知，造成組織老化的問題與危機原因很多，但是管理者的行為與企業文化絕對是關鍵原因。

自我覺察練習單

工作上，我正面對什麼問題？在擔心什麼？

擔心的事如果發生，影響是什麼？

自我覺察練習單 ────────────────────

我有哪些資源？可以選擇最佳的回應方式是什麼？

自我覺察練習單

請試著描述父母關係中的情緒表現模式。

請試著描述自己在職場關係中的情緒表現模式。

自我覺察練習單

在上頁兩種情緒關係模式中，發現了什麼？

2-6 情緒中的三角關係

　　包文理論的三角關係是指將兩人之間的壓力和焦慮轉移至第三者的情緒流動方式；另一種是兩人之間原本是平衡的，但因第三者加入，而引發關係中的壓力和焦慮。

　　所謂的第三者，可能是第三人、生理疾病、心理疾病、或者某件事物。若兩人的關係系統不穩定，三角便是最小穩定關係的系統，包括父母與孩子、主管與部屬、部屬與部屬之間，因為三角關係涵蓋面向廣泛，放於組織中亦可能成為多數中階主管無法往上升遷的重要因素之一。

　　緊繃的關係會在三角之間流轉，中階主管們怎能不慎？

不是偏心，是第三者比較配合

　　有位年輕女孩小君來找我，她正在猶豫是否要離職。小君在這家公司待了兩年，跟直屬主管相處融洽，合作很有默契，主管也很用心帶她，願意傳授經驗與技巧，一點也不藏私。小君感覺主管也像朋友，除了工作外，可以一起分享很多生活大

小事。比起其他朋友的工作，小君認為自己很幸運，喜歡這份工作性質，又能遇上好主管。

直到單位來了一位新人，新人的學經歷和語言能力都比小君好。小君開始呈現了對立狀態。認為主管比較欣賞新人，也用更多時間帶領新人，小君深深感覺到自己被忽略；尤其是被主管肯定與讚美的機會變少，這讓小君很不舒服。有時候，主管提出希望小君幫忙協助輔導新人，小君就會找藉口或推拖：「你自己教就好啊！」或者「新人不是能力很好嗎？幹嘛要我教？」

小君與主管、新人，就是典型的三角關係。

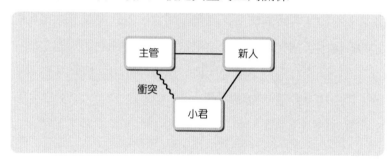

原本她和主管兩人是平衡狀態，新人的出現打破了原先的平衡，第三者加入之後，彼此的情緒開始流動。由於得不到主管過往全然的注意力，於是小君產生不舒服的感覺，慢慢退出三角關係，讓自己變成一位旁觀者，採取漠不關心的態度，甚至萌生離職念頭。

只是，退出或離開不代表沒情緒，小君還是會對第三人產

生矛盾的情結；即使離開這家公司，但到了下一個領域，她如果沒有覺察到這一點，還是很難穿透這一關。

其實小君理智上知道對方是新人需要協助，也明白對方具有優秀的資歷與條件，可是內心情緒一直無法取得平衡，因此才會有過度情緒化反應。但又不能真實把情緒宣洩出來，比方說，明明是在找對方麻煩，又得解釋自己的挑剔很合理；明明有很多情緒，卻要讓自己顯得很理性；想找新人或主管麻煩，又想辦法合理化自己的行為。

或許有人會覺得小君的反應有點過度，但小君的不安是人性，我們也都容易進入三角關係系統，也都容易深陷在三角關係中的拉扯與較勁。之所以如此，是因為希望對方按著我們的腳本演出；在小君心中，希望主管能依著她的期待與想像扮演，以前組員少的時候兩人關係緊密融洽，現在組織人員增加，關係稍稍拉開，就難以承受。

如果要進一步了解小君，還是得先了解在家庭的位置和角色。小君是獨生女，父母在她小學二年級時離異，小君跟著媽媽生活。而媽媽在失婚創傷和家計壓力下，寄情於工作，和爸爸幾乎沒有往來，使得小君強烈感受到被忽略，因此渴望被關注和被照顧。這樣的渴望不停在她的人際關係中複製著，當得到的關心不符合期待時，就會想以情緒切割的方式來脫離關係。

如果問主管，是否對新人比較照顧？我猜想主管會說：「有嗎？我當時也是這樣一路帶著小君啊！」

主管若能更了解部屬情緒背後的需要，就能分辨哪些情緒與眼前事件有關，哪些是對方內在需求，自己可以回應的範圍以及帶人帶心的相處方式。

中階主管的確都期待組員成熟後，可以沿用同樣的經驗再輔導其他新人。主管會認為自己是公平的，只是部屬不一定會有同樣的認知，公平與否很難有客觀標準，因此三角關係就會卡在這個戲碼裡而轉不出去。

關係中的焦慮推開我們

另一個是充滿戲劇張力的三角關係案例，三人就像在演八點檔。

有對夫妻檔在同一個單位工作，丈夫是中階主管，太太是轄下的組員，單位來了一位年輕女性，帶新人的工作自然是身為主管的丈夫。

沒想到，太太開始沒安全感，整天疑神疑鬼，隨時留意兩人動態，是不是一起離開辦公室、一起回公司？由於太太過於緊迫盯人，新人被弄得很緊張，連丈夫都快抓狂；這樣的狀態持續好幾年，最終丈夫選擇離職，兩人以離婚收場。團隊組員只剩下太太與這位新人。

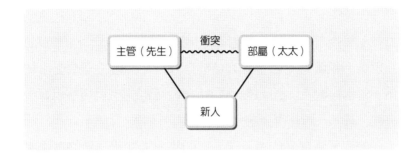

主管（先生）　—衝突—　部屬（太太）
新人

　　雖然這組三角關係是夫妻檔加上新人，但跟前一個例子相同之處是，不舒服的案主認為主管對新人的照顧大過於自己。

　　也許是立場、也許是認知、也許是爭寵（希望被看見與肯定），但部屬誰不想在主管面前好好表現？然而對中階主管而言，部屬求表現原本是好事，可是一旦陷入三角關係、惡性競爭，就會變成惡鬥內耗，甚至擴大為連鎖性的三角關係，如此一來，不僅不利於個人，對團隊的績效表現也有很大影響。

　　當中階主管面對這些剪不斷理還亂的人際問題，最後常常是無奈地兩手一攤。「我為什麼還要增員帶人？」

◢■ 被部屬情緒勒索的中階主管

　　中階主管最深的感嘆是，自己在基層時只要做好分內的事，專心衝績效即可；但成為主管以後，對上要符合公司目標，要與平行的同儕合作，對下還要做人員輔導，不僅責任加重，還可能被部屬們情緒勒索，這些因素都影響中階主管往上

晉升的意願。

　　如果能自我覺察，看見問題本質，處理人際的問題其實並不困難，關鍵在於能否理解問題的本質。我們很多經驗是卡住的，常常只處理表面問題，暫度危機，過沒多久就會發現好像撞牆一般，不斷重複，老是陷入同樣的困境。

　　較容易觀察到的是，兩人之間焦慮太強或是衝突太過頻繁，以致兩人關係無法負荷，很多人會自動減少來往，甚至不來往。這就是先前提到從疏離到情緒隔離的狀態，然而焦慮需要出口，因此自然轉移到三角關係上。

　　健康一點的三角關係，是把時間用在運動、社交活動、宗教或成長課程；相反的，有些人則呈現在健康上，如內分泌失調、自律神經失調或免疫系統失調，造成睡眠障礙或生理疾病；另外有的人情緒常處於過度激昂或過於低落的不穩定狀態，或是發展另一段三角關係。但終究真正的核心問題沒有解決，同時會在不同的關係中仍繼續複製關係中的相處模式。

自我覺察練習單 ─────────────────────────────

一、請試著描述自己的「三角關係」經驗（被拉進三角關係或
　　拉別人來製造出三角關係）。

二、自己在「三角關係」中的立場與感受是？

三、如何讓自己保持情緒中立？

四、準備如何開始重新建構關係經驗？

2-7 多世代傳遞歷程

多世代傳遞歷程，簡單來說指的是有些現象、行為、症狀、規則、價值觀、迷思，一代傳一代的發生著。例如公司建立時訂下的規則或潛規則、老闆平時展現的價值觀和行為、高階主管的領導方式等。如同家庭中父母的角色，位階越高影響力越大，個人轉移焦慮的情緒歷程（自動化歷程），便由個人系統和組織系統交互影響著，一層層形成了公司的文化。

主管的成功模式能複製或轉移嗎？

你是否曾經遇過電力用不完的主管？如果有這種上司，那你可得好好蓄電，才能跟得上頂頭上司的腳步。我有一位朋友被稱為「鐵人」，我從沒看過他有體力耗弱的時候，永遠都有用不完的電力，時時都在高亢狀態中。

「不斷超越自我，挑戰、挑戰、挑戰。」是他的信念。

鐵人有一個哥哥，他排行老二。哥哥從小就是品學兼優的學生，父母親常拿被賦予高度期待的哥哥跟鐵人比較，鐵人

直處在這種壓力下，自信盡失，覺得自己不被重視、被忽略，功課成績表現平平，直到大考前二個月才用功衝刺，後來他吊車尾考上大學，雖然不是最屬意的科系，但這經驗大大鼓勵了他，「只要努力，就會有成果」成了他信奉的圭臬。大學時，參加登山社，開始從體力上挑戰自我極限，對自己愈來愈有信心。最後追到了社團裡最美的學妹，兩人交往多年後結婚。

原本岳父母並不喜歡讀文科的鐵人，擔心女兒會吃苦。因此鐵人開始努力到商管學院修學分、旁聽課程，最後還申請會計系雙修，畢業時拿了雙學士。後來也考上會計師、取得執照，進入知名的會計師事務所工作。岳父母不再挑剔，把女兒交給他。

會計師是專業工作，收入也不錯，但是喜歡挑戰的鐵人覺得無趣，希望收入可以跳躍式地成長，於是他轉戰到房仲業。二十多年前房市一片看好，他又喜歡跑東跑西，入行沒多久，就成了全公司的超級經紀人，年薪千萬。

■ 激勵的領導方式是好是壞？

「只要我願意接受挑戰，絕對沒問題。」這是鐵人的鐵律。

但這鐵律套用在他帶領部屬時，踢到鐵板的程度隨著組織擴大愈來愈重。他帶領部屬的方式，總是在信心喊話，砥礪部屬要不斷嘗試挑戰、不斷超越自我，鼓勵大家參加鐵人三項、

登山、極限運動、壯遊、健行等；他深信只要突破體力，工作表現就一定沒問題，因此整個團隊充滿了濃厚的鬥志。

鐵人轄下的經理們都跟隨他多年，有上山下海的革命情感。他們常在激勵會議時播放當年一起登百岳、練習馬拉松、跨越五大洲的影片，影片中有著許多互相鼓勵、扶持著完成目標的感動。只是影片中的人隨著年歲流逝，多數人已經離開，另有發展。留下來的有些現在是大經理，有些是資深中階主管，他們如同鐵人的粉絲一般，正在計劃著下一次的挑戰，也鼓勵著部門同仁不斷自我挑戰。

這群業務員們看起來好像由上到下，對「挑戰」都充滿高亢熱情。每天上班，一定會呼口號，有人上門，一定抖擻大喊：「歡迎！」每張臉看起來都很有希望，可是實際上的產值卻不如預期。除了鐵人自己本身的績效依舊掛帥之外，底下的成員績效常常掛零，慘不忍睹。

這是值得探討的現象。為什麼身為領導的鐵人如此積極且有成績，卻無法有效領導他的部屬同樣向上成長？

鐵人太過以自己的經驗為唯一真理，卻忽略了別人是否可以橫向移植他的經驗，成為複製他人成功方法的捷徑；其次，當鐵人一直用信心喊話的方式鼓勵部屬，聽久了也很容易流於形式。

職場上，不管哪個領域、職位都有需具備的專業，我們

在商場上談判或服務客戶時，不可能把自己的專業技能擱置一旁，只是憑著熱情跟對方互動，第一次見面可以，前一小時可以，但如果一直如此，效益遞減，客戶甚至會懷疑你的專業度。

舉例來說，當客戶詢問房子的裝潢材質、管線問題時，房仲經紀人只是口頭上的實問虛答，避重就輕猛掛保證：「您放心！我會再去問問看。」如果你是客戶，會信任這樣經紀人的專業嗎？鐵人帶領團隊的模式，很大的問題就是，專業沒有被正視與強調。

當部屬告訴鐵人：「我業績不好。」鐵人的反應不是找出問題所在，而是馬上要部屬們：「去跑步、去爬山，好好振奮自己，告訴自己沒問題。」

除了專業沒被正視，部屬的負面情緒也沒有完整出口。

身為主管的鐵人一直用積極樂觀的方式引導大家，部屬很難有理由或有機會可以釋放自己的低落情緒。而這些未被釋放的負面情緒，從來沒有因為鐵人「挑戰、挑戰、再挑戰」不斷的勉勵口號而消除；相反的，可能會藏得更深，日後反彈的後座力也會更強。

■ 熱情與專業並重

我們試著換位思考：當你陷入工作低潮，看著身旁的人與

主管彷彿都在前景一片光明的狀態裡，你還待得住嗎？會不會覺得自己能力不足、跟不上他人而更想退縮？

鐵人採這種領導風格，新人如果無法適應，留不住一點都不意外，因為遇到困難，主管只有激勵，能給的實質引導有限，新人無法解決問題，自然會選擇離開。而有經驗的同業，若不喜歡這種領導風格，更不會跳槽至此；因此，鐵人能夠吸引的多半都是剛入行或剛畢業的新鮮人，因為對這行業本身的新鮮感與熱情，所以較好引導。

負面情緒就像是片烏雲，從來不會因為太陽拼命照，烏雲就會煙消雲散；雲會褪去，是有各種因素促成，如果該下雨，就下；如果風起，它便隨風飄，從來都不會只是太陽在，烏雲便消失這麼簡單而已。

鐵人訴諸精神層面的激勵方式不是不好，而是簡化了高階主管的組織領導，精神與熱情，專業職能與心理素質，是需雙軌並行於員工訓練中，缺一不可。

鐵人的組織有很多年輕人加入只是表象，而實質卻有很多的危機，因為帶領模式都在強調感覺、陷在激昂情緒裡，大家無法明辨真實狀況與核心問題，團隊高度融合，在精神層面融合在一起，卻在現實課題無法一起共度。

以鐵人來說，早期扭轉自我觀點的成功經驗，形成「只要努力，就會有成果」的信念深植入心，日後更不斷累積強化此成功經驗，以致這個信念變得堅固卻缺乏因人制宜的彈性。

當鐵人逐步晉升，他能影響的組織範圍也越大，他的信念和做法傳遞給直屬主管；承接的直屬主管帶著新進同仁一起如法炮製，漸漸成為組織中的文化。

然而，組織中每位同仁都是獨立的個體，本身也有來自過去的經驗和信念，形成今日的內在系統。不能像放上生產線，一套方法全體適用。

大多數老闆們常念茲在茲說「人才」是公司最重要的資產，那麼是否能針對人才培育，有如製造每項產品般，願意投入大量研究和研發經費，深度了解個體系統與組織系統如何合作，如此才能協助人才都能適才適所發揮。

自我覺察練習單

一、我的成功系統／法則是？

二、我的成功系統／法則分享或複製給其他人時，常得到的回
　　應是

三、不同特質、不同成功系統／法則在團隊中有何優缺點？

2-8 社會情緒歷程

　　社會情緒引發的問題與家庭情緒問題類似，所有人際互動都在自我交換的過程，三角關係也存在於所有關係之中。焦慮所引發的各種症狀，終將導致家庭與社會功能水準退化，於是會看到更多的社會問題，同樣的，也會反應於職場中。

　　這一章的案例，從一名高階經理人的角度來看職場上的管理問題。身為一名高階主管，當然喜歡自己帶的團隊和諧，但期待歸期待，人的問題從來都不容易或一廂情願就可以獲得解決。

團隊和諧，卻引來更多不滿？

　　這名部長級的高階主管，是非常圓融溫和的人，幾乎所有人第一眼看到他，都會被他的沉穩內斂所吸引。部長一頭白髮，總是西裝筆挺，談吐優雅風趣，極為紳士。開會時，如果與會的議題煙硝味較濃，他會適時以幽默圓場，緩減大家高張的情緒，因此上層的老闆們個個都欣賞他，合作廠商、其他部

門成員也都喜歡與他互動。如果不把轄下直屬的單位納進來討論的話，部長的確是位迷人且受歡迎的人物。

這話有玄機？沒錯，雖然不一定有魔鬼，但你看到細節了。

對部屬們都很好，也很開放，只要新人願意表現，部長總是回應：「好，我支持你！」只要是對公司組織有益的想法，他不曾否決任何人的任何提議，而且大方鼓勵後輩向前邁進。

同仁之間難免有嫌隙、意見不合，他們來找部長吐苦水也好、批評別人也罷，在部長面前，幾乎什麼都能說，部長總是有耐性地傾聽他們的情緒與牢騷，同仁完全不用擔心說了不得體的話而被斥責。

在部長面前，表達永遠安全。而部長也從來不曾有過度喜惡的情緒，就算有，也只是少數人看過。雖然部長的辦公室門永遠敞開，不過部屬真正能找到他的時間卻很有限，因為他只在重要會議時出現，但往往會議結束後，就不見人影。

「部長一定有很多事要忙。」部屬們之間這樣解釋。

「上一次跟部長溝通後，部長勉勵我不少，也支持我的想法，可是沒見任何人或事情有改善或有進度。」部屬A有點困惑。

「我之前也跟部長溝通過幾次，他都很認同我，不過都沒下文，後來乾脆算了，我又不能去追著盯進度。」另一名部屬附和著。

這不是一兩人的聲音而已，而是部長底下的人，幾乎都有這種「結論」。換言之，他們去找部長談了很多事，最後都是不了了之。這跟部長曾經面對面給他們的鼓勵與肯定，幾乎成了風馬牛不相干的事。

漸漸地，資深部屬也不去找部長談了，只有單位剛進來的新人因對部長的「和善」不夠了解，還會很積極連結。留下來的人都得自立自強，無法把部長當成是支持自己往前衝的後盾。

也許讀者會有疑問，難道部屬不會直接挑戰部長嗎？會的，同仁們有此想法，也曾經試過，然而「挑戰」卻很難被挑起。部長把情緒藏得很深，部屬滿滿高張的情緒只是一拳打進棉花團裡。

部屬看部長，跟外面的人評價部長，是兩個極端。在部屬的眼裡，部長幾乎等同於尸位素餐、沒有生產力的高官，只是一位什麼事也不做決策的濫好人。

為什麼同一個人，內部與外界對他的評價有天壤之別？

這跟角色與位置有關。外界的人跟部長沒有利害關係，只是站在朋友角度，部長的溫文儒雅是很棒的人格特質；但回到職場上，談效率、要產值，部長給不了部屬明確的方向與遠景，賞善罰惡鮮少發生過，連部屬跳槽，帶兵帶槍投靠競爭對手，仍未見他有積極作為，這要下面的人怎麼跟著他打仗？

■ 無為而治形成無產值

　　我們用包文理論來了解部長的背景。

　　部長的父母親早期隨著祖父母務農，後來轉為勞工，是底層的勞動者，部長排行老大，有好幾個弟弟妹妹。傳統的父母親給了身為大哥的部長最多的期待，希望他照顧弟弟妹妹、甚至全家。相對的，父母親也把多數資源挹注在部長身上，所以他認真唸書取得很優秀的學歷，弟弟妹妹們因為獲得的資源較少，幾乎都留在基層從事勞動工作。

　　當然，部長並未推卸自己身為老大的角色，他也知道自己要照顧全家，所以弟弟妹妹們要是沒上班沒收入、經濟狀況不穩，這位大哥都得要支援，不能劃清界線。老實說也扛得很辛苦，不知道這份責任要扛到何時。

　　這樣想照顧人、得照顧人的特質，部長也延伸到職場裡。部長能升到高位，一路雖風風雨雨，但他懂得自保，也希望保住所有人，有人離職就等同於他「沒把弟弟妹妹照顧好」，因此適合、不適合的人都要留下。身為領導者，無法跟任何人開口說：「你不適任，離開吧。」他當不了壞人，無法裁決、無法表態，因為一表態，就好像意味著要把某人剔除掉。因此只要他在，每個部屬都可安穩的待在這個單位裡，除非部屬自己離職。

　　職場上的明槍暗箭，他也自己吞下，只要還能按耐住，不

要表現出情緒、不要有所反應，就不會有事。

大哥一直想照顧弟妹，但弟妹不一定有被照顧的感覺；同樣的，部長想照顧部屬，但部屬不見得會領情。他一廂情願想把大家圈在一起，可現實卻是部屬無感，甚至彼此形成競爭關係，還會讓部屬認為「部長無能，無法汰除不好的人」。

部長自己當然知道這樣狀況，所以壓力很大，大到想逃，於是會議結束後就不見蹤影。這是最直接的反應，根本不想留在辦公室裡；想逃避責任，卻又一直試圖控制狀況；別人覺得他落跑，可是部長卻以為自己鎮住了所有狀況，形成了糾葛的矛盾現象。

從包文理論來看，部長很明顯有了情緒隔離的狀態。

綜觀職場，很多高階主管都有情緒隔離的特質，因為希望自己不要喜怒形於色，於是在人際間產生隔閡，本意是希望客觀，卻導致情緒無法交流、想法仰賴猜測和想像；而大家也都很有默契在表面上維持友好，畢竟衝突並非大家所樂見的事，私下還是會有小圈圈，彼此可以取暖、攻訐對立的一方。

互相取暖就會讓圈內人情緒融合，講他人的是非八卦這類無關緊的事就成了小圈圈結合的核心，如此的氛圍變得只會看關係、易流於情緒用事，而不講對錯，整個組織就容易二分化。

當大家都帶著情緒來處理事情時，情緒在一個環境中跟著

流動，焦慮氣氛就會愈來愈濃，大家無法理性思考、無法分辨事實，也無法讓自己站在高度去看什麼對組織發展是好的。

組織成員只會看是不是同一掛的，如果是，就站在一起；如果不是，就是對立。當對立越明顯，組織就會開始走向衰退。

組織裡的人，對未來發展會有更多迷惘跟疑惑，而無法開展績效，彼此花太多能量與力氣在情緒上，不認為可以合作，一起打拼、一起奮鬥，漸漸對工作沒了興趣、也失去遠景，總覺得做再多都是白費。這樣一來，組織會慢慢老化，因為早期進來的人停滯不進步，而新進的人也留不住而離開。

組織退化的結果，是希望維持和諧的部長始料未及的。部長若想化解組織的狀況，脫離這組織系統難題的關鍵，還是要回到穩定自己的情緒反應，開始以系統角度思考，以理性與原則奠定立場，那麼組織中的成員也會受到影響進而改善與穩定。

PART

3

有意識的自我分化

我們在前面看了幾種包文理論的典型案例，個案的職階囊括基層到中高階主管，相信這些故事，可能會讓你想起某些曾一起共事的同仁，或是現在還在你身旁讓你困擾不已的夥伴，或許也可能就是你自己。

如果你能對應到某些故事主角而看見自己似曾相似的行為或思考方式，這正是我想恭喜你的地方。為什麼呢？因為寫這本書，就是希望透過包文理論幫助在職場中的你認識自己，進而讓工作更順利地開展，而不是跋前躓後，被情緒地雷傷到。

包文理論非常適合運用在觀察與分析職場情緒流動上，也適用於教練過程。如同在與個案進行教練會談時，教練會以提問方式引導個案看見自己，對自我的情緒或行為有所觀察（參考第二章自我覺察學習單），當你成為自己的情緒教練時，包文理論正是提供你自我觀看的角度，然而在觀察並分析同事的行為模式時，別忘了他人正是自己的鏡子。透過這本書，我們更期待的反饋是回到自身，在理解他人的同時，更能夠清楚地看見自己、了解自己。

如同書中所揭示的各種情緒展現的樣態，情緒有時像顆未引爆的地雷，若不小心點燃了引線，不只是職場，自己人生也會被轟得遍體鱗傷。若沒有很有意識地觀看自己的情緒，當情

緒產生時，通常會不經思索地啟動自動化反應，只是憑藉自己的習慣看事，可能會失去理解事件的全貌，長期下來，直接或間接影響我們的價值觀、行為模式與人際關係。

每個人看事都有不同的角度，若不能彼此理解，很容易產生扞格。包文理論正可協助我們看見每個人的情緒系統，了解系統的運作。

包文理論強調自然觀察，除了覺察自己，也觀察外界，透過觀察了解「發生了什麼事？」、「何以發生這件事？」、「對這件事如何反應？」。

包文理論協助避免將自以為是的想像認定為事實。

因為在職場裡，充斥太多個人的想像、臆測與解讀，主觀認定與情緒化反應為常態，導致事件全貌容易被扭曲；因此，運用包文理論覺察自己的同時，並觀察他人以理解事實，才能對事件做出經過思考的決策與行動。

3-1　自動化情緒歷程

　　「自動化情緒歷程」是指不需要經過思考就能直接反應。或許你曾發現，雖在不同年齡、不同環境、不同事件，卻有相似的壓力、類似的衝突、同樣的困境，像鬼打牆一樣重複的發生與上演。自己似乎也像自動導航一般，同樣的情緒反應、同樣的應對模式，結果仍擺脫不了掉到同樣的情緒黑洞。

　　在包文理論裡，將負面不安的能量統稱為「焦慮」。

急性焦慮與慢性焦慮

　　焦慮又分為急性焦慮（壓力）和慢性焦慮（壓力）。

　　急性焦慮指的是眼前正在發生的情境與事實，當下因害怕而產生的壓力。而慢性焦慮多半指的是對未來可能發生的情境所猜測與想像而帶來的擔憂與恐懼。

　　一般人在經驗過深刻的刺激事件或強烈沉重的壓力後，會刻印與學習到特定的信念或價值觀。而這些信念與價值觀是為了幫助自己，在未來如果再遇到類似的事件與壓力時，能夠免

於危難的生存之道。

　　急性焦慮若未經疏導，將慢慢轉變為慢性焦慮。所以，慢性焦慮可以說是來自於每個人的早期生命經驗，或目前生活中持續存在的壓力。

　　當與過往類似的深刻刺激或強烈壓力事件發生時，急性焦慮將引發早期經驗的反應按鈕，目的是要幫助自己避開以前所經驗過的不良後果，因此自然的、直覺的啟動自動化情緒歷程。

　　隨著時間推移，人事物變遷，過去經驗所學習的生存之道可能已不適合應付現今的危急處境，所以每次再遇到同樣的處境，又採同樣的自動化反應面對，必然屢屢卡關而過不去，就如常聽過的話，「用同樣的思維，同樣的作法，卻想要不同的結果。」殊不知情緒反應和信念就像自動導航般，老早就設定並存在腦中，你腦中的地圖並未更新，事件總是循環反覆不斷發生，結果沒有改變，也到不了你想去的地方。

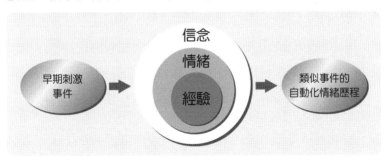

　　當事件發生時，不需要經過思考就能直接反應，就是自動化情緒歷程。

例如，老闆請你等一下到辦公室找他。你的內心小劇場就開演了起來：老闆是不是不滿意上回你的提案，而剛剛看到老闆在交代祕書事情時，臉色嚴厲，於是擔心和焦慮開始上升，坐立不安、冷汗直流，胃也翻攪起來，根本靜不下心把資料好好整理再看清楚。果然在老闆辦公室因為過於緊張，無法好好回答問題，被劈頭數落一頓，自咎「我果然還是出包，事情都做不好，真的是能力不足的人」。

當這樣的自動化情緒歷程重複發生，等同於不斷地印證對自我的負面觀感與信念，當然情緒地雷會變得敏感且容易一觸即發。

擺脫自動化情緒的反應模式

我們若要擺脫無意識的自動化情緒歷程，首先需要向內觀看，覺察自己在行動上感受到哪些情緒、有哪些想法或認知。同時也要開放自己向外觀察，觀察對方所採取的行動是什麼，和我之間互相的關聯有什麼？我們彼此是如何相互的影響。

梳理人際關係中的自動化情緒歷程的步驟如下：

1. 試著讓自己待在「觀察者」的心理位置。即是讓自己以第三人的角度看自己。

2. 觀察自己與他人之間一連串的反應。看見A反應會引發

B反應，在B反應後接下來A會再有的反應，而後B又會再有的反應⋯⋯等一系列行為模式。

3. 試著能覺察自己的自動化情緒反應，踩剎車並停下後續反應。

4. 觀察並調節自己的情緒。

5. 能夠控制自己的反應，讓自己更往情緒系統外移動。

6. 一旦能夠站在更外圍一點，就更能夠看自己與他人或系統的反應，改變情緒系統。

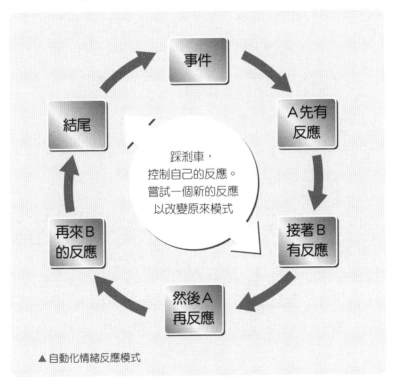

▲自動化情緒反應模式

■ 為何要梳理出人際關係中的自動化情緒歷程？

　　包文理論不僅強調「個人內在系統」，同時也強調「個體間外在系統」，因此要盡量回到自身，想想是啟動什麼樣的個人內在自動化情緒歷程，在關係中與他人互動。

　　我們可以參照下表來填入自動化反應模式的步驟中：

激發情緒地雷的導火線		1.事件　2.情境　3.時間　4.話題
地雷衝突如何增溫、擴大、激化……最後爆炸	語言刺激	語言人身攻擊、不停嘮叨、威脅、比較、指責……
	身體接觸	推擠、拉扯、對你丟物品……
	肢體語言	表情、語氣、不耐煩、鄙視……
	行為表現	摔東西、走開、捶牆壁、冷漠、自我傷害……
	情緒反應	生氣、憤怒、難過、挫折、絕望、恐懼、不安……
衝突(地雷爆炸)後	如何結束	有人離開現場、沉默、有人受傷、有人報警……
	有沒有合好	事後好像沒發生過、冷靜後談開、找第三人評理……
地雷爆炸後對關係的影響	促進關係	更了解彼此、知道彼此在意的點、包容接納彼此……
	破壞關係	為避免衝突而疏離、壓抑真實想法和情緒、退縮……

人際關係的演進

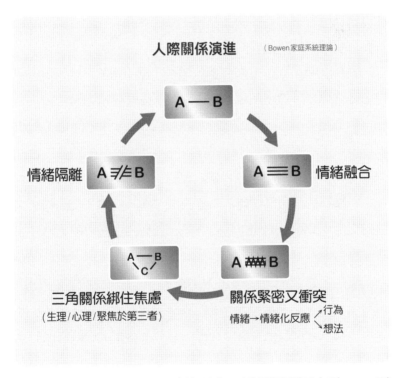

人際關係演進　　　（Bowen家庭系統理論）

情緒隔離　A ≢ B

A — B

A ≡ B　情緒融合

三角關係綁住焦慮
（生理/心理/聚焦於第三者）

關係緊密又衝突
情緒→情緒化反應 ⟨ 行為 / 想法

這是常見人際關係的演進過程，透過這張圖來看A、B兩人的關係如何流動。

情緒融合

A ≡ B

在人際關係發展歷程上，A、B兩人從關係友好到日漸親密，彼此願意把各自的自我互相交換。例如，你喜歡看電影，我就願意犧牲自己的時間，跟你一起看電影。我用一部分的自我跟你交換，好讓我們的感情愈來愈好。

當自我交換部分愈來愈多，卻不知道要踩煞車，只知道跟對方愈來愈好，情緒融合愈來愈深，關係從親密到緊密。

然而這畢竟是一種交換，我拿出我的自我，你也得交出部分自我，才能證明我們關係很好。因此，關係愈親密，愈期待對方為彼此改變與配合，甚至會認為這才是「你愛我」的表現。在職場情況也是如此，拿自我去交換。例如，交換同事之間的交情、交換老闆和主管的賞識、交換自己想要的位階、薪資、福利……等。

可是，當我們改變成對方期待的樣子時，就失去自己原來的樣貌。被要求太多，就得要放掉很多自我。或許會有那麼一天，我們發現自己不再像自己、甚至不喜歡這個改變後的自己。

若抬頭仰望藍天白雲，我們可以欣賞藍天、也喜愛變化多端的白雲，然而雲從來不曾為無垠的天空而變，不是嗎？但為

何在人際關係裡，卻彼此會因為期待親密而要求對方改變，卻又因過於緊密而導致壓力與焦慮？

緊密衝突

A⨯⨯⨯B

當焦慮愈來愈深，兩人關係緊繃，從溝通到爭執，從爭執到衝突，焦慮就像踩了油門似的不斷加速加溫。

我們所處的華人社會不鼓勵表達情緒，多半採用壓抑或忽略情緒的方式來解決問題。在家庭如此，在職場更是不見容情緒表現，一旦喜怒形於色，可能就被貼上「情緒化」的標籤。更有甚者，被認定為EQ不佳，所以能力不好，忽略真正的績效表現。

如果在這時，不被情緒化反應所呈現的行為與想法所控制，關係比較不會往漸行漸遠的方向移動，而能促進彼此的了解與合作。但若漸行漸遠，部門衝突發生時，可能會有高低功能互惠關係的現象：

高功能者自動化的介入及主導。高功能像個無所不能的解決問題者，把工作和生活打理得很好，好像別人都要按照他的想法去做、去思考、去感受才是對的。自己幫過頭的接手別人能勝任的事，卻認為別人沒做到應有的標準，視對方為「麻煩」。

低功能者沒有置喙餘地，只能順從配合。做任何事都會被嫌棄或視為麻煩製造者，即使自己會做的事，也因害怕達不到標準而凡事都要請示，想得到他人的建議，擔心多做多錯，所以慢慢地變成被動的等待。

　　常此以往，一方愈做愈多，另一方愈來愈沒事做，做多的人委曲又辛苦，沒事做的人也是委曲沒有發揮空間。

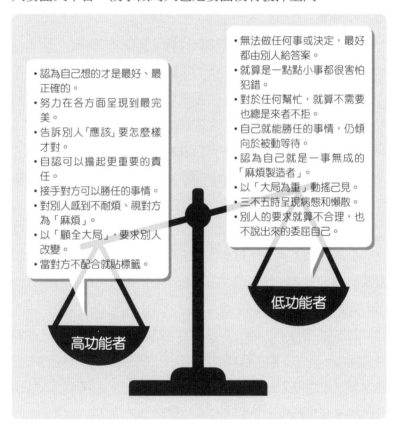

- 無法做任何事或決定，最好都由別人給答案。
- 就算是一點點小事都很害怕犯錯。
- 對於任何幫忙，就算不需要也總是來者不拒。
- 自己就能勝任的事情，仍傾向於被動等待。
- 認為自己就是一事無成的「麻煩製造者」。
- 以「大局為重」動搖己見。
- 三不五時呈現病態和懶散。
- 別人的要求就算不合理，也不說出來的委屈自己。

- 認為自己想的才是最好、最正確的。
- 努力在各方面呈現到最完美。
- 告訴別人「應該」要怎麼樣才對。
- 自認可以擔起更重要的責任。
- 接手對方可以勝任的事情。
- 對別人感到不耐煩、視對方為「麻煩」。
- 以「顧全大局」，要求別人改變。
- 當對方不配合就貼標籤。

低功能者

高功能者

在高低功能互惠的狀態，或許是關係中的一種平衡，但不論是高功能者還是低功能者，累積無法排解的委屈或焦慮時，可能在情緒的背後開始產生情緒化思考和情緒化行動反應。

被焦慮所引發的主觀感受與想法，因著感受強度，常將猜測及想像的部分信以為真，做出與事實有距離的情緒化思維與行為反應，如此反而造成焦慮與壓力加劇，如同惡性循環的漩渦，在不斷的負向漩渦中將彼此關係推向更緊張與衝突。

三角關係

當兩個人之間的情緒張力超出兩人關係所能負載時，要找一個出口作為槓桿，就會轉移到三角關係作為緩衝的出口。

在職場發生意見不合或衝突時，多數人會為避免日後工作、升遷、加薪……生出絆腳石，採取減少和對方來往以避開衝突的方式，或是找局外人訴苦、建立風向球，以避免把核心問題攤開談清楚的狀況。

把核心問題攤開談清楚是需要挑戰雙方的情緒成熟度與勇氣。相對的，較輕鬆的方法是轉移注意力到其他人、事、物上；舉凡不需直接面對兩人之間焦慮，能轉移焦慮的所有人、事、物都是關係中的第三者。例如，既然一溝通情緒就上火，

倒不如忙其他事來減少接觸；或者眼不見為淨，早點下班，約幾位同事訴苦建立同溫層。

當職場的焦慮沒有處理而擴散，不斷拉第三角在鞏固各自勢力，慢慢的多數人會開始選邊站，讓自己與某一群人同盟，心理上感覺較有安全感和歸屬感。因此「挺關係，不挺是非」的團體迷思就產生了。關係佳，綠燈直行；關係不對，困難重重。

二元對立的現象，讓整體的運作退化，無法凝結團隊共識，團隊無法往共好的方向前進，反而需要花更大的能量因應瀰漫在職場中的焦慮。

在婚姻中也是如此，夫妻間的焦慮容易轉嫁到孩子身上。在親密關係中，當其中一方不想再面對兩人之間因過度緊密產生的衝突時，就會把注意力轉到第三者身上當出口。第三者除了是孩子，也可能是小王或小三，甚至第三者也可能是密集的加班、運動、聚會、應酬、課程、宗教團體、靜坐冥想等。

若把壓力轉到人或事的三角關係，都還算有出口，沒有出口的三角關係，壓力很可能會內化成為身心疾病，例如免疫力下降、憂鬱、腸躁症、失眠、恐慌……等。

情緒隔離

A ⫤ B

當你不想面對長期融合的壓力與衝突，拉開一點距離可能暫時會感覺好些，所以在職場上有些人可能會選擇請調部門或轉調到不同的事業單位。這是從物理上拉開距離。當無法從物理上拉開距離時，有些人就選擇從心理上拉開距離，不再和衝突的對方有所交流。如果工作上需要交流，就勉為其難地公事公辦，工作之外就井水不犯河水，形同陌路，將彼此的存在當成空氣。當無法容忍時就選擇轉換跑道，完全離開。

但離開、切割關係就可以解決一切嗎？其實這種拉開距離的疏離狀態，並不能解決根本問題，此刻壓力仍在留存，很可能會反映在自己的身心狀態裡。很多人並未覺察自己的身心健康其實跟之前所經歷的壓力和情緒有關，如果此時不懂得透過覺察，學習向內自我探索，就會一直流於表層的認知，以為當前現狀沒有衝突，問題就算是解決了。

雙方如果是職場同事，也許藉由離開職場，讓關係自然中斷；彼此若是夫妻，或許會選擇透過中止婚姻關係，讓彼此關係中止；若是家人，即使親子、手足之間抽離，但血緣關係還是得繼續面對。關係間可能會是融合、抽離、再融合、再抽離，不斷循環，這樣的模式會不斷地複製在處理各種人際關係裡。

你可能曾觀察到職場有些人看起來就冷冰冰，在人際互動裡沒有友好或親密這回事，看起來沒什麼情緒起伏，一副高深莫測，奉行著「喜怒不形於色」的宗旨。這很可能是他過去在人際融合又衝突的經驗中學來，因此保持人際交流距離以避免衝突。大部分人是從家裡開始學習人際的互動方式，也就是從父母或主要照顧者身上學得，如果父母或主要照顧者較少有心理上的交流互動，孩子在成長過程學不到情緒表現的方式，自然呈現出人際疏離或隔離的樣貌。

自我分化，辨別人我之間的界線

自我分化（differentiation of self）是包文理論的核心。「自我分化」的概念有點像是細胞分裂，它是一種狀態、光譜以及由此產生的行動。自我分化程度愈高的個體，愈能超越與他人的自動化融合或自動化疏離。

自我分化能夠協助你清楚辨別人我之間的界線，可以自在穿梭在自己、團體的各種關係之間，不受過度的情緒融合所困擾，也不會因衝突而產生情緒切割。成熟的自我分化，不會因為關係過度黏膩或疏離，而影響自我價值判斷，更不因關係融合而興起或因關係疏離而低落。

如果自我分化得好，就會很清楚自己與他人的關係狀態，清楚明白自己的立場與原則，不會無意識地情緒融合或極端的

情緒切割。自我分化高的人，並非只有想到自己而已，同時可以顧及到自己、關係、整體。

以下面這張圖為例，當關係過度融合時，高自我分化的人會進行思考：

我要不要這麼投入與糾葛？

我要不要踩煞車了？

他希望我交出來自我，但我不想完全交出去，我能不能講清楚自己的立場？

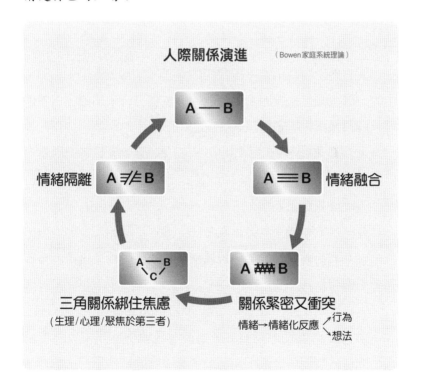

當關係產生衝突時，高自我分化的人會思考情緒與界限：

你的情緒是你的，我的情緒是我的。

我可不可以把自己的情緒表達清楚？

當兩人關係陷入更加緊繃而焦慮時，高自我分化者可以決定要不要進入三角關係，什麼時候進入三角關係，或者何時離開三角關係；所有決定都是在有意識的狀態所產生，都是經過一連串細膩的觀察、思考，才產生行動，不會讓自己流於無意識的自動化情緒反應與行為。

大自然都有晴雨變化，我們的喜怒哀樂當然也是自然節奏中的一環。雖然過於緊密融合的關係，容易帶來情緒，但我們可以透過練習，安定並照顧好自己的情緒。

當情緒來時，首先把情緒先安置一旁，停下來先觀看自己、問自己：

為什麼我會生氣？

為什麼此刻我會覺得沮喪？

現在我的感受很真實，但我所想的是事實嗎？還是我自己過度臆測的結果？

自我分化程度愈高的人，愈能夠蒐集更多事實，不會讓自己的情緒無限蔓延或沉溺，而是能不斷回到自己身上反思。

也就是會為自己的情緒反應按下一個「暫停鍵」，在暫停的空檔，更看清楚與觀察自己的每一個狀態。

■ 1. 自我的構成要素

在包文理論中，「界定自我」是很重要的一環。

界定自我，即由我來定義我自己，不是由別人來定義我。

自我，基本上由基本自我與假自我所組成。

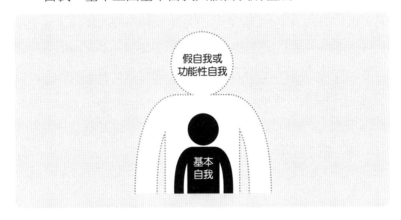

基本自我與假自我是同時存在的。包文是這麼定義基本自我：「基本自我是可靠的特質，可用這方式說明『這是我的立場，這就是我，也是我做或不做的基礎，這是我的信念及確信』。」

基本自我不會在關係中參與自我借貸、交換、或失去自我。因此，當基本自我愈大，自我分化也就愈高；反之，基本自我愈小，自我分化程度就愈低。

與基本自我性質不同的假自我（也稱功能性自我），根據包文定義，「假自我，是受關係系統影響所產生，假自我在關係系統中可以協商。」

我們每個人都有假自我，假自我多數時間是在面對關係融合時，自我交換的部分，不同於堅固可靠的基本自我，假自我是自我中社會化、自動化的反應。在團隊中的一員，當假自我愈大，愈容易不假思索地配合或陷入團隊迷思。

職場上你可能看過有些能力很強的同事，凡事自我要求高、做到盡善盡美，但同時需要他人不斷吹捧與認同，倘若沒有得到即時讚賞及肯定，就轉為對事更加吹毛求疵，或者情緒低落，這樣的情形就是假自我（功能性自我）很大，基本自我卻很小的案例。

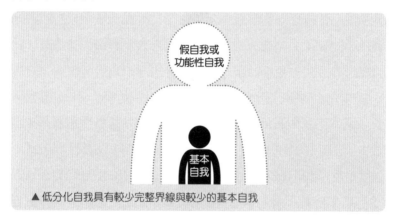

▲ 低分化自我具有較少完整界線與較少的基本自我

假自我小，多半會被人認為能力不足、效率不彰，所以可能較難符合社會、職場期待。

　　假自我大，基本自我也完整的人，能有完整的選擇權，不會跟著團體隨波逐流。例如，當大家都在加班，如果他已經完成工作，他能選擇加班或不加班；當大家都要一起聚餐時，他能選擇加入或不加入，不會怕自己被邊緣化而勉強加入大家的行列。這類人很清楚自己要做或不做什麼，在行動之後，不需要他人的肯定也能心安理得，也很願意與他人互動連結，若有他人肯定也會感到喜悅。

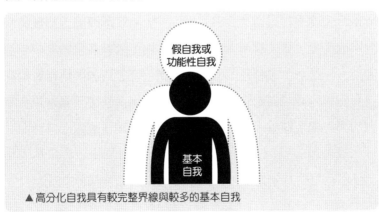

▲ 高分化自我具有較完整界線與較多的基本自我

你想要什麼樣的生活？

你希望達到什麼樣的成就？

你期待人生是什麼樣的狀態？

人生有生活與工作的部分，「關係」存在於二者之間。生活安定、工作有成就是大部分人的渴望，然而若為求職位、名利、財富、人際……，用過多的自我交換，不免容易陷入無力與焦慮；若能提高基本自我的範疇，有意識的清楚自己界線與能力，那麼更能自由地在生活與工作的各種關係中遊走，而得到自在與滿足。

■ 2. 提高自我分化

我們在前面章節談了很多案例，這些案例背後都談及了家庭關係或關係系統中可能產生的問題，因為包文家庭系統理論就是「當你懂理論時，你就會運用它」。了解理論，把理論用到自己身上，先了解個人內在系統，再了解在關係系統中自己和他人，進一步了解不同的系統中如何互相影響。所以要提高自我分化，減少自動化的情緒性反應，第一件事正是你現在在做的事：學習理論。

學習畫組織圖或家庭圖，如下列三圖，就能發揮具像化「見樹又見林」的效果。

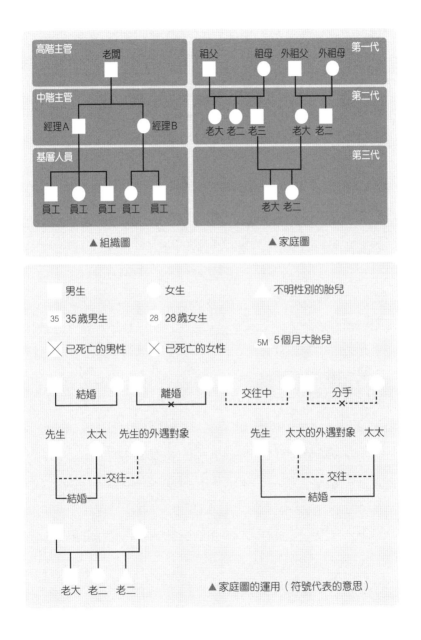

▲ 組織圖

▲ 家庭圖

男生　　　　　女生　　　　　不明性別的胎兒

35 35歲男生　　28 28歲女生

╳ 已死亡的男性　╳ 已死亡的女性　　5M 5個月大胎兒

結婚　　　　離婚　　　　交往中　　　　分手

先生　　太太　先生的外遇對象　　　先生　太太的外遇對象　太太

交往　　　　　　　　　　　　　　交往

結婚　　　　　　　　　　　　　　結婚

老大　老二　老二　　　　　▲ 家庭圖的運用（符號代表的意思）

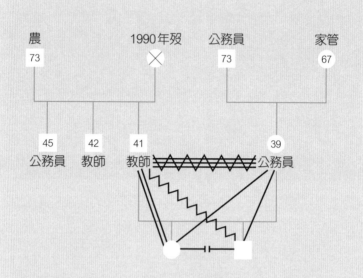

關係友好 ——————
關係親密 ══════
關係緊密 ≡≡≡≡≡≡
關係衝突 WWWW
關係疏離 ----------
關係隔離 ―╫―

家庭圖資訊：

▶ 家庭成員年紀
▶ 身心健康情形
▶ 居處，包含搬家和時間
▶ 收入和工作
▶ 生育史，包括流產、存活和墮胎
▶ 婚姻和親密關係
▶ 出生、死亡和結婚、離婚日期
▶ 最高學歷
▶ 所有事實資訊都要紀錄在家庭圖中

把困擾自己的關係，透過畫出組織圖或家庭圖，就容易找出脈絡。

情緒壓力會在組織中或家庭中流動，而焦慮會在人與人之間互相影響，透過圖像視覺化，就能清楚關係中的樣貌與焦慮流動的來源與去向。

我們會發現通常在系統中較為脆弱的人，可能會成為代罪羔羊或出現適應不良的症狀，然而出現症狀的人不必然是低自我分化，高自我分化者有較高的情緒成熟度，在遇到超載的壓力時，仍有可能會出現症狀。

這些症狀可能是職場急性壓力所挑起的，更進一步追溯，或許也有源自於早期原生家庭經驗中所引發的自動化情緒性反應。

因此要了解一個人發生了什麼事，除了看懂現在，也可以回到過去，看看其中可能有些慢性焦慮正如同緊箍咒般，在特定主題上出來攪局。

回到自己身上，同樣需要「回家做功課」。就是從自己出發練習，當焦慮產生，看看自己可以做什麼改變現況，而不是把念頭放在「都是別人的錯」。

如同在教練會談時，教練引導覺察的焦點，在個案自身而非他人，透過個人的發現與反思，找出可行的行動方向。

畫出並看懂自己在職場和家庭的角色位置後，接著問自己，在自己的角色位置上，什麼是需做、要做和不做的，而做決定的立場和原則是什麼？

　　當想清楚，就不容易被自己和他人的情緒牽著走，可以自己決定什麼時候要和誰連結，什麼時候要保有自我的獨立性。

　　自我分化較高的人，焦慮較少，生活問題、思考、情緒融合的狀況較少，關係較佳，會有較好的決策判斷，也較不在意他人眼光。

　　自我分化較低的人，焦慮較高，生活問題、思考、情緒融合的狀況較多，關係較差，較差的決策判斷，較在意他人眼光。

　　當你開始嘗試自我分化時，並試著在關係中挑戰降低融合，週遭的人也會開始反應，會要求你「變回來」，他們會說「你錯了！」要求你變回融合的狀態，可能也會開始情緒勒索：「如果不照著做，將會付出什麼代價」。

　　那是因為提升自我分化的開始，就會在不同層面上違反原本習慣的自動化反應，所以我們心裡要有所準備，一定會遇到阻礙與抗拒，不論這個阻礙與抗拒是來自於自己、他人，還是慣性系統的某一部分，只要保持冷靜與觀察，與每個人持續的接觸，一致性的往自我分化行動，慢慢的提高自我分化，連帶的身邊的人也會有所改變，整體系統也會向上提升。

■ 3.觀察歷程

在前面章節，我們陸續談到觀察歷程的重要性，其中第一件事是嘗試將自己放在人際互動中「觀察者」的心理位置，這不是一件容易的事，在互動中，我們很容易因為系統中的情緒流動而吸收焦慮或引發自身的焦慮，將自己放在觀察者的位置，就是要讓自己有意識的與核心拉開些距離，減少被激發情緒的強度，如此我們才能在較穩定的心理狀態下，觀察自己和他人，還有關係互動中發生什麼事。

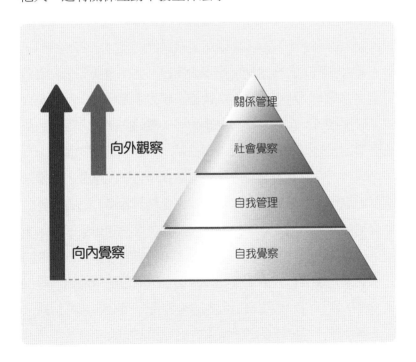

向內覺察包含：自我覺察和自我管理。指的是回到自身往內在的覺察。

向外觀察包含：社會覺察和關係管理。指著重在自己以外的他人和人我之間的關係。

當我們能稍微離核心事件或焦慮遠一點，就要啟動「向內覺察，向外觀察」的練習。

自我覺察

有能力觀察自己的情緒，並留意情緒的變化。

倘若你原本就是較理智、邏輯分析型的人，對情緒的感知力較弱，那麼就多留意生理症狀帶給我們的壓力訊息。例如，壓力較大時可能會有內分泌失調的問題，像是經期混亂、皮膚濕疹；有的人可能會在免疫系統發出警訊，像是容易感冒、過敏、慢性疲勞；有的人會有自律神經失調的症狀，像是感到渾身不對勁，胸悶、心悸、吸不到空氣，或者有睡眠障礙等。

症狀的產生都是在提醒我們焦慮和壓力已經超載，必須先適度的離開壓力源或找方法降低壓力強度。若壓力已經引發自動化情緒反應，則可以問問自己，一直在害怕、恐懼的那個想法是事實嗎？或只是自己對未來的想像與猜測。

如果是事實，我們要做的是接納並照顧自己的情緒，而不是壓抑、否認或忽略情緒，因為愈是壓抑、否認、忽略情緒，它愈會加強反應，不斷提示讓人收到警訊。

若恐懼的想法是自己根據過去經驗、想像和猜測而來，則可以先有意識地讓自己的想法停下來，在想法上踩剎車。為的是不再持續擴大更多想像引起更強烈的情緒，當然也是為能減少自己在衝動下做出情緒性行為而後悔。

自我管理

有能力運用對於情緒的覺察，保持自我的彈性。能讓自己抽離，不掉入情緒的漩渦，以觀察者的角度，觀看自己在刺激事件下自動化情緒歷程。

當愈能待在觀察者的位置時，情緒愈能被自己控制，因此要讓情緒歷程不再被無意識的運作，重複不合時宜的反應模式，能自我管理引導個人行為反應是一項必修的功課。

剛開始做覺察練習，你可能會發現自己又在負向的行為模式裡反覆循環，不免感到懊惱，然而此刻不用懊惱，而是要為自己開心，因為已經啟動覺察機制，有所發現代表不再被無意識的自動化模式控制著，自己已經從無意識提升到有意識的狀態，自動化情緒歷程的覺察會愈來愈快，慢慢的也能在不同階段開始有些創意的作法，嘗試改變模式，看看能有什麼樣新的變化。當有累積新的作法和行動後，就能檢核可以如何反應會更好。

自我分化即是在思考後，自己選擇的決定。我們都要為自己的選擇所產生的後果、代價及情緒負責。因此即便是經過思

考有意識下的選擇，與自動化反應的選擇結果是一樣的，但想過之後而有的行動與無意識的行動，所產生的感受是不同的。

社會覺察

有能力了解自己的情緒，並能觀察自己的自動化反應，才有能力了解別人的情緒，並知道發生什麼狀況。

學習心理學或擔任教練工作的人都有相似的經驗，自己有過類似的自我探索體驗，不斷在生活中練習自我分化，越能理解邁向自我分化的過程。因此不是先思考怎麼改變別人或如何幫助他人，而是先「回家做功課」，回到自身落實行動，才更能知道別人可能會遇到的阻礙和困難，也才能理解別人可能會有的反應和歷程。

在組織中也是如此，傳遞情緒的人通常是組織中最能表達情感的人。因此如果團隊的領導者常表現正向與積極，就能把較愉悅的氛圍傳遞至組織中；如果領導者容易投射負面批判的情緒，那麼組織的氛圍就會較負向與對立。如此可以理解，人際間只要有互動，不論是家庭或組織裡，情緒間的相互感染隨時都在發生。

關係管理

有能力對自己與他人做情緒的覺察。能同時觀察自己內在自動化情緒歷程，同時在關係互動中，也能觀察個體與個體之

間會激發出什麼樣的自動化情緒反應模式。關係管理是能思考並採關係利益最大化的行動，而不是只考慮自身利益。即是以經營「你好，我也好」的互動人際關係。

在組織中若能有更多開放與溝通管道，同時能評估與接收到彼此發出的訊息，團隊更能強化互動關係，團隊目標與共識愈容易和諧一致。

■ 4. 領導者的系統觀

包文理論強調系統觀，同時協助領導者能更全面觀看組織關係脈絡。莫瑞・包文指出一個領導者是：「帶著勇氣去界定自我，願意為家人與自我的幸福去努力，不生氣也不教條式地告誡他人，將自己的能量放在改變自己，而非告訴別人該怎麼做，能夠知道並尊重他人多元的意見，能夠調整自己去面對團體的優勢，而不被別人不負責任的建議所影響。」

很多領導者都有同樣感慨，在職場越往高處爬，越感到孤單，能討論商量的人變少、能支持理解的人不多，增加的是更多的對立與難防的明槍暗箭，畢竟權高位重是很多人的渴望。即使彼此沒有利益關係，光是看著你享有甜美的果實，對有些人來說就夠刺眼忌妒的了。

我在包文家庭系統理論的授課中，常常會播放「狼改變河流」的影片，為的就是協助學員了解，理論在教我們「見樹又

見林」的方法，而這樣的「系統思考」方式需要經過訓練，因為多數人太容易以因果關係的方式來分析及解決問題，然而這只會讓職場或系統中真正的問題沒有機會被發現和討論，為求快速和效率，治標不治本可能可以暫時的解決問題和症狀，但一段時間後會發現，同樣的問題和症狀又再次出現。

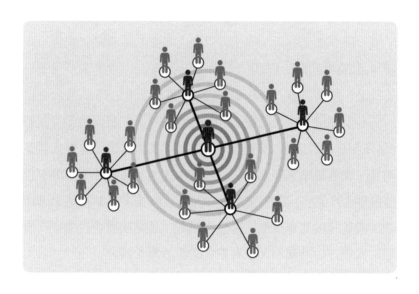

　　系統思考來自於對自然系統的事實觀察，所有的關係都是互動來的，並非單一因素造成，所以沒有人需要被責備，也沒有人是問題人物。增進自己系統思考，尤其是理智系統，更能讓自己有能力觀察自己，以及自己與環境的關係，進而反思整體運作的現象和自己在其中的角色。

　　學習理論最重要的目標之一，在於家庭系統與組織系統

中界定自己（define self）。自己是誰、在什麼位置、在自己的位置上哪些事會做，哪些事不會做，能辨別系統中所發生的現象，並能經過思考後形成新的行為反應。如此，不僅提高自我分化，每個人更能都是系統中的領導者。

著名學者費・艾德在一九九一年指出，高自我分化的領導者需具有以下關鍵能力：

1. 在情緒緊繃的系統中，有能力界定自己立場。
2. 當他人要求「我們」要怎樣時，能夠說出自己的打算。
3. 有能力輕鬆面對他人的反應，包括不被兩極化或選邊站。
4. 面對他人的焦慮，能夠保持不焦慮的狀態。
5. 理解事情的來龍去脈。
6. 在系統的情緒壓力下，能夠消除自動化的融合反應。
7. 清楚自己個人的價值觀和目標。
8. 對自己的情緒狀態與命運負起最大的責任，而非責備別人或環境。

由此可見，系統的領導者不局限於對自己有利的角度，不能只看見系統的局部，而是要可以看見整體的、全面的系統，要多探索未知的、對個人與理解事實有益的問題，面對過去容易忽略的事，更需提升發現與處理的能力。

系統中的領導者不僅懂得反思，也願意展開有意義的對

話，能看見自己過往習而不察的主觀認定，改為更開放的心智模式與態度，積極主動解決問題且更願意與組織中的夥伴共創美好的目標與未來。

PART

4

從融合到自我分化之路
——模擬個案

在第二部我們看到渴望被看見的淑芬，透過她的案例，例如：業績做不起來、上班明明很忙卻無法提高績效、滿腹委屈、落寞失意等等，你是不是也因此更能察覺到自己的問題或症狀？或許你也像淑芬一樣開始自我懷疑，為何已經認真工作，業績仍做不起來，到底是自己不適合這個工作？或還不夠努力？

接下來在此章節，我們將更深入說明淑芬的情緒歷程。淑芬的經驗與感受是職場當中常見的類型，她的經歷是許多職場人的縮影，譬如在職場中有些人有著非常忙碌的工作表象，但成果卻寥寥可數；或是在部門中承擔較多的事物，卻沒有受到重視；抑或是自我價值感低，缺乏自我肯定的能力，把自我的價值交由他人定義。

因此，透過一對一教練過程，我們可以看見淑芬怎麼從融合到自我分化的歷程，希望協助讀者也能夠在淑芬自我分化的過程當中啟發覺察，看見自己，幫助自己。

淑芬的家庭如同多數華人家庭一樣，有著長兄如父、長姊如母的價值觀，老大照顧弟妹就像是與生俱來的責任，而這責任也成為排行老大成長過程中無形的枷鎖。淑芬在家中照顧弟妹，轉換至職業場所，也把「照顧客戶」的重要凌駕於工作績效。

但是最年長的孩子並沒有忘記自己也曾是家中唯一孩子的

時期，因此在弟弟妹妹出生之後，會開始注意到原本專屬於他的關懷好像被分割或失去，而這個部分可能會形成老大未解決的情緒依附，形成心理上的匱乏，需要不斷地、再度地得到關注。

需要盡照顧之責的責任感與希望再度得到關愛的心情，二者形成了無形的、微妙的衝突，進而演變成不斷付出，也不斷要肯定的一種循環。

淑芬因為跟主管的關係膠著，晚上常難以入睡，或是凌晨三四點就醒來，不想上班，整日精神不振，看到鏡子裡憔悴的自己，感到難以接受，因此更加自我否定。當淑芬察覺到自己不對勁，先找中醫調理睡眠的問題，但心裡的慌亂與焦慮卻未獲得改善，反而愈來愈明顯。當醫生建議可尋求身心科協助時，淑芬才意識到自己需要被幫助，情緒也需要出口。淑芬決定聽從同事建議，找教練進行個別諮詢會談。

淑芬一直以來壓抑的情緒如同潰堤的水流般不斷地湧出，她的情緒緊繃已經持續好長一段時間，無法好好睡覺，只要一躺上床就想著業績板還掛著零。這種情況下，每天早上進辦公室簡直是煎熬，想不透自己整天忙到爆，也很努力表現，但業績仍一直做不好，難道真的是自己沒有能力？

當淑芬的情緒很滿、很強烈時，教練並沒有直接分析問題或提供解決方法，而是先接納淑芬在當下滿溢出來的情緒和眼

淚。教練等淑芬緩緩平息自己的激動後，才開始引導淑芬覺察自己的情緒，並且釐清她真正的想法與需要。教練詢問淑芬，對內可以為自己做些什麼來照顧高漲、緊繃的情緒，讓過高的焦慮和壓力可以趨緩。對外可以做些什麼來因應壓力，讓自己有個緩衝的空間。

淑芬把教練的提問帶回家。

辨識情緒四步驟

當晚淑芬上床後，一樣輾轉難眠，同樣開啟自動化反應，又開始想著明天早上要盤點業績了，「我還是掛零怎麼辦」，反覆煩惱與擔心著直到胃一陣攪痛，淑芬想起教練的提問，當焦慮時先開始辨識情緒，於是按照教練的辨識情緒四個步驟開始練習。（可參照P54～57自我覺察練習單來練習）

一、暫停情緒性思考和反應：把注意力放在呼吸上。淑芬運用教練提醒的腹式呼吸法，先暫時停下因焦慮引發的強迫性思考，雖然還是會有思緒亂入或飄走的情況，但仍然依照教練說的，不斷將注意力轉回呼吸上。

二、辨識情緒：辨識情緒是在了解情緒源頭究竟是對人還是對事。過去淑芬很少接觸自己真實的情緒，常常忽略或壓抑

它，以致於忍受不了時，情緒風暴如海嘯般擊垮自己，也影響人際關係。

透過這個練習，淑芬辨識到這個焦慮的源頭是在自己，害怕自己表現不夠好，擔憂因表現不佳而被否定。

三、釐清事實與想像（以為／猜想／假設）：會談諮詢時，教練問淑芬：什麼是夠好的自己？妳有見過沒有挫折的人嗎？

淑芬在理智上知道每個人難免都有挫折，只是不知為何在看自己時，只容許有好的發展，不同意有挫折或困難存在的空間。當淑芬在釐清自己的感受時，對自己這一點的發現感到不可思議。

四、採取行動：對自己內在的照顧和對外的反應。淑芬發覺不能只有想，而是要行動才能檢核與改善。淑芬照著教練的指導，思考著開啟下一步：

對內：我可以做些什麼照顧自己的情緒？

淑芬決定繼續運用四步驟練習，先採用暫停，讓自己減少不自覺地進入焦慮的惡性循環。

對外：我可以做些什麼因應急性壓力？

在淑芬安穩住情緒，發現注意力不再被綁在焦慮上，能夠辨識情緒源頭，壓力源頭來自於人或事件。若是來自於自己，就進行情緒的梳理；若來自於事件，就對事物本身進行處理。再進一步釐清急性壓力是自己「以為的」還是「猜想的」，抑或是事實可以被討論的；釐清後再決定將採用的下一步行動。

　　當淑芬把上述教練提供的四步驟做過一遍後，情緒立即得到了整頓，同時清理出部分心理空間。

4-1 找出你的症狀

在包文家庭系統理論裡，每個核心家庭與組織就是一個情緒單位，影響個人的事情，也會影響系統中的其他人。家庭或組織裡的情緒流動就是互相影響的方式，而吸收到過多焦慮以致於壓力超出個人所能負載時，就會衍生出症狀。這些症狀就是在轉移我們對關係或環境中的焦慮及不安能量。

生理症狀：淑芬的失眠問題已持續許久，躺到床上二～三小時後才能入睡，只要想到要開早會就感到胃灼熱的不舒服。

心理症狀：情緒起伏大，比過去沒耐性，容易因為一點小事而生氣，情緒低落，提振不起精神。

社交症狀：渴望他人肯定和認同，過度勞動付出得不到回饋就自我懷疑、自我否定，需要依附於他人，將自我價值感建

立在他人對自己的眼光和評價，向人抱怨，得不到支持而不停的轉移拉三角關係。

　　在淑芬一次次的自我覺察練習，慢慢整理歸納自己的症狀後，接下來要來了解引發症狀的壓力源有哪些。

當你感到壓力或焦慮難以負荷時，可以試著記錄下自己的症狀：

生理症狀	

心理症狀	
社交症狀	

4-2　找出你的壓力源

　　淑芬一直以為自己最大的煩惱是業績掛零，業績無法達標讓她感覺到壓力很大，這就是急性焦慮（壓力）。急性焦慮長時間沒有改善，慢慢就會累積變成慢性焦慮（壓力）。

　　淑芬所在的職場是一個業務單位，多數人表面上會刻意呈現積極、樂觀、活潑、主動的樣貌與氛圍，而公司也提供滿多舒壓與放鬆的活動，像是聚餐、旅遊及公開表揚等。吃吃喝喝與出遊度假對績效好的人來說，確實是錦上添花，然而對於真正需要協助的人來說，其實起不了雪中送炭的效果。

　　情緒沒有得到紓解與照顧，業績歸零的壓力仍是每個月、每一季、每一年都會回來的壓力循環，淑芬跟主管的彆扭越來越多，情緒起伏越來越強烈與頻繁，生理上的症狀陸續出現。

　　相對於淑芬表面看到的急性壓力，在一對一教練訪談中，教練探索著其他增強淑芬感到焦慮的因素，詢問了許多關於淑芬家人和家人之間的關係、成長過程的重要經驗。

　　淑芬說出內心一直有的感受與想法，她很害怕別人不喜歡自己，所以很努力付出，渴望能被喜歡和重視。

教練繼續引導她，什麼時候開始有這樣的擔憂和想法？

淑芬表示從小都一直有。原來自己小時候的經驗影響至深，以往沒有深入去想過或注意過，然而原生家庭的早期經驗所形成的自動化情緒歷程直至現在，一直在運作著。

在包文家庭系統理論裡，透過系統思考會更清楚了解人與人之間的運作，開始去觀看自己在家庭中的功能性位置以及在其他場域，包含職場的功能性位置。這樣的功能性位置成形，不是刻意的安排或計劃，而是經由自動化情緒歷程傳遞焦慮的方式，每一個人都會在家庭情緒單位裡承擔不同的角色。

功能性位置包含包文家庭系統理論三個重要的概念，包括家庭投射歷程、多世代傳遞歷程、手足位置。

寫下你自己察覺的壓力源

4-3 畫出你自己的家族圖

　　淑芬在會談中，和教練合作整理出自己的家庭圖，同時也思考著自己哪些部分受原生家庭影響：

1.我在家中的排行是？

　　淑芬是家中第一個孩子，排行老大。

2.我有哪些符合手足位置排行的特質？這些特質的來由為何？

　　淑芬最常聽到別人說她很會照顧人、凡事設想周到、做事負責任、獨立主動，但有時會莫名的擔太多責任，或有公親變事主、好心沒好報的衰事，還被人嫌管太多，而這些似乎就是老大的特質。

3.我有哪些不符合手足位置排行的特質？可能的因素是什麼？

　　有些朋友、同事同樣是家中長女，卻是家族長輩的掌上明珠，視若珍寶，享有很多資源及權利，而淑芬卻要承擔弟弟妹妹的份，大概是爸媽重男輕女，加上家境較艱困，所以要幫忙擔起爸媽的工作及照顧弟妹。

4.我想保持哪些特質？

　　淑芬覺得自己擁有的特質多數是好的，像是獨立主動、思考周到、做事負責任讓人信任、會照顧人等，只要不太過度。凡事太過度的話，好特質反而會變成困擾自己的缺點及產生焦慮的來源。

5.我可以調整哪些特質？調整成什麼樣子？

　　淑芬希望自己別再太愛強出頭，不要太在乎別人的看法和評價，多照顧自己的需要，而不是把別人放在自己前面，忘了照顧自己。

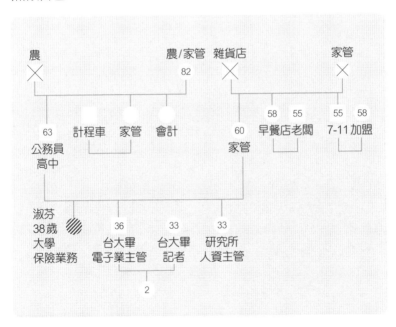

從整理家庭圖的過程，淑芬對家人乃至於這個家族的特色和氛圍有更深一層的理解，在這樣一個家族長大當然深受此環境影響。

　　淑芬排行老大。老二是弟弟，弟弟學業成就和工作成就都很亮眼。而妹妹更是一位有主見又獨立的女性，學業成就高，是知名廣告公司人資主管。淑芬對弟弟妹妹的情感是複雜的，既有為他們驕傲和喜悅，也有著一份對自己的自卑和落寞。

畫出你自己的家庭圖

思考自己哪些部分受原生家庭影響

一、我在家中的排行是？

二、我有哪些符合手足位置排行的特質？

三、我有哪些不符合手足位置排行的特質？可能的因素是什麼？

四、我想保持哪些特質？

五、我可以調整哪些特質？

調整為什麼樣子？

4-4 核心家庭情緒歷程

　　在淑芬成長過程中，參與了父母建立小家庭時的艱辛。她出生時，父母也才二十歲出頭，務農的祖父母沒能給予經濟支援，一切都靠著父母胼手胝足努力打拼。理所當然的，父母從小被教導長兄長姊要照顧弟妹，帶頭做好榜樣的訓誡也教給了淑芬。僅管淑芬實際上才大弟弟二歲，比妹妹多五歲，然而從當大姊開始，似乎就失去當個孩子的機會，凡事都要做好示範。沒有做到就成了父母口中「沒有擔起大姊責任」的孩子，弟妹闖禍也算淑芬的責任，真正有功沒賞，不論誰打破碗，她都要賠。為了討父母喜愛和認同，淑芬一直很認真順從地盡到父母賦予的要求和認定的本份。

　　弟弟身為長子（獨子），獲得最多父母的關注。淑芬也能感受到在弟弟身上那份望子成龍的壓力，因為父親對弟弟的嚴格，父子衝突不斷，讓弟弟在國中時期成績大幅下滑，也曾差點走歪路，還好母親對弟弟的愛讓他及時懸崖勒馬回到常軌上。

　　妹妹則是這個家最聰明的局外人，她出生當時，家裡環境

都上軌道也穩定，父母對她的教養也因著經驗而漸漸調整到較自由放任，所以她可以得到資源又能較少被要求。淑芬形容妹妹就像是隻自由飛的小鳥，有事大姊扛，累了就回家休息。

自動化的情緒反應

因著淑芬在早期家庭經驗所形成的功能性位置，所以有她所在之處，她都會很主動去照顧他人、為他人服務，自動自發去思考別人需要什麼，或做什麼會讓大家更好，努力用自己所會的方式去做、去付出。

當她埋頭苦幹的做，卻不如預期得到回報，反而換來一些批評，例如：「淑芬都沒有問我們，就自作主張把事情弄成她以為的樣子」、「為什麼她只做她想做的，還自認為對大家好」、「淑芬不知道在辛苦什麼，連自己身體也顧不好」……這些耳語傳來傳去，她聽在耳裡開始感到焦慮。

淑芬在持續的練習辨識情緒及試著不讓情緒被激發下，整理出自己常出現的自動化情緒反應：

從淑芬的自動化情緒反應來看，如果沒有調整，她大概會一直在搜集自己被否定和自己不夠好的循環中，若沒有打破這個慣性或模式，淑芬會越來越深信不移，自我懷疑和自我否定的想法越來越強烈，就像有個負向的漩渦把人深深的捲進黑暗的深淵一般。

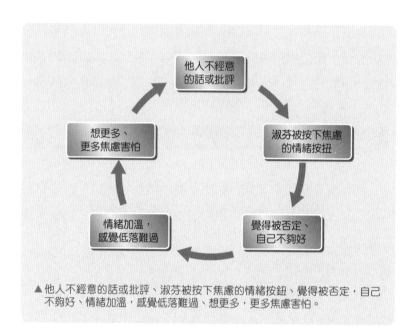

▲他人不經意的話或批評、淑芬被按下焦慮的情緒按鈕、覺得被否定，自己不夠好、情緒加溫，感覺低落難過、想更多，更多焦慮害怕。

淑芬找教練一起討論，在這個循環中，可以從哪裡打破環循，而這個方式是她可以自己做到，不用依賴別人的？

在討論過後，認為當自己感覺被否定，開始懷疑自己不夠好這個部分，似乎太放大「單一事件即全盤自我否定」的結果，好像在這個環節可以先緩一緩，先把事情弄清楚，釐清並核對一下自己的想法是事實，還是自己情緒化的想像。只是要弄清楚也讓淑芬感到焦慮，很怕一問換來的是責罵和負評。

淑芬的自我觀感建立在他人對她的看法上，所以很容易在乎他人看自己的眼光，在意他人評價，這就是前面章節所提到「未解決的情緒依附」。在原生家庭中一直想做到父母或主要

照顧者的要求或期待，卻等不到肯定及認同，這份需要轉向到其他的人際關係中。當淑芬落入自己的自動化情緒反應時，這份需要越得不到，急性焦慮和慢性焦慮一起作用，淑芬著實不好受。

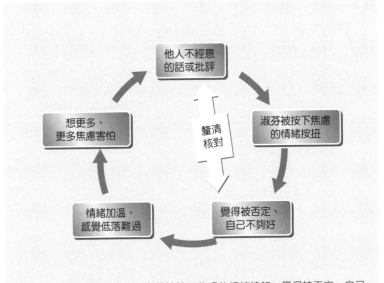

▲ 他人不經意的話或批評、淑芬被按按下焦慮的情緒按鈕、覺得被否定，自己不夠好、情緒加溫，感覺低落難過、想更多，更多焦慮害怕、釐清核對。

當逐步理出淑芬的個人內在系統所發生的事，自動化情緒反應再開自動導航時，就能在覺察時練習踩剎車。淑芬真心覺得這不是一件容易的事，必須立基於培養自己的覺察能力，先能覺察情緒、照顧安頓情緒，再來就是覺察自己要進入自動化反應或正在發生自動化反應時，能踩剎車，讓舊有的模式和慣

性能不再重複循環。

　　透過持續練習，淑芬從不斷地掉到自動化思考與反應的挫折感中，轉而當覺察到自己自動化反應模式時能踩剎車。回想起來，真心覺得要做到這裡，已經是很了不起的改變。整個教練過程中都不斷練習、覺察、發現，把自己當成觀察者和研究者，持續觀察、思考、行動，雖不會一步到位，但慢慢會找到最適合、自在的人我互動方式。

運用理論，
成為更好的自己

學習包文家庭系統理論的人多數會認同「當你懂理論時，你就會運用它」。

從淑芬一次次與教練一對一諮詢會談，看得出來她再也不願意讓自己待在負向的循環裡，以前只知道自己的情緒起伏很大，很強烈，常常搞得自己身心不舒坦，但因過去從來沒有學過如何好好對待及照顧自己的情緒，只能任由自己被情緒綁架卻束手無策。

當淑芬開始一對一教練後，懂得學習向內覺察及向外觀察，慢慢地打開自己的敏感度與觀察力。這同時也是具備包文系統觀很重要的兩項能力。

在自我分化的過程中，淑芬發現自己有時又開啟自動導航，落入舊有的自動化情緒反應時會覺得懊惱。然而這都是必經的過程，舊有的反應模式需要有夠多的好經驗來改寫它。淑芬經過教練諮詢協助，以及自己的努力之下，漸漸可以跳脫不良的慣性反應。同時透過學習理論，淑芬也能看懂自己、人際

關係以及團體發生什麼事，提升具備評估及處理的能力。

　　自我分化是一生的功課，淑芬對於自我提升有很高的動機，愈來愈清楚界定自我，而不是受困於被他人定義或評價。每個人其實都有很高的可塑性，從淑芬案例中，看到她透過一次次的小改變，正一步步朝向更好的自己，就是最好的印證。

＊本章系屬模擬案例，如有雷同，純屬華人社會同根源下固有文化及價值觀的集體認同感，其中也有家庭系統的個別差異性。

國家圖書館出版品預行編目資料

做自己的職場情緒教練：用Bowen理論鍛鍊你的高情商 /
林佳慧, 林惠蘭著. -- 一版. -- 臺北市：商周出版：
家庭傳媒城邦分公司發行, 2020.10
　面；　公分. -- (View point；105)
ISBN 978-986-477-921-5（平裝）

1.職場成功法 2.情緒管理

494.35　　　　　　　　　　　　　　　　109013843

View point　105

做自己的職場情緒教練：
——用Bowen理論鍛鍊你的高情商

作　　　者／林佳慧、林惠蘭
企 畫 選 書／黃靖卉
責 任 編 輯／彭子宸

版　　　權／黃淑敏、吳亭儀、劉鎔慈
行 銷 業 務／周佑潔、黃崇華、張媖茜
總 編 輯／黃靖卉
總 經 理／彭之琬
事業群總經理／黃淑貞
發 行 人／何飛鵬
法 律 顧 問／元禾法律事務所王子文律師
出　　　版／商周出版
　　　　　　台北市104民生東路二段141號9樓
　　　　　　電話：(02) 25007008　傳真：(02)25007759
　　　　　　blog: http://bwp25007008.pixnet.net/blog
　　　　　　E-mail：bwp.service@cite.com.tw
發　　　行／英屬蓋曼群島商家庭傳媒股份有限公司城邦分公司
　　　　　　台北市中山區民生東路二段141號2樓
　　　　　　書虫客服服務專線：02-25007718；25007719
　　　　　　24小時傳真專線：02-25001990；25001991
　　　　　　服務時間：週一至週五上午09:30-12:00；下午13:30-17:00
　　　　　　劃撥帳號：19863813；戶名：書虫股份有限公司
　　　　　　讀者服務信箱：service@readingclub.com.tw
　　　　　　城邦讀書花園 www.cite.com.tw
香港發行所／城邦（香港）出版集團
　　　　　　香港灣仔駱克道193號東超商業中心1樓_ E-mail：hkcite@biznetvigator.com
　　　　　　電話：(852) 25086231　傳真：(852) 25789337
馬新發行所／城邦（馬新）出版集團【Cite (M) Sdn Bhd】
　　　　　　41, Jalan Radin Anum, Bandar Baru Sri Petaling, 57000 Kuala Lumpur, Malaysia.
　　　　　　電話：(603) 90578822　傳真：(603) 90576622

封 面 設 計／李東記
排　　　版／林曉涵
印　　　刷／中原印刷事業有限公司
總 經 銷／中原造像股份有限公司聯合發行股份有限公司
　　　　　　地址：新北市231新店區寶橋路235巷6弄6號2樓
　　　　　　電話：(02)2917-8022 傳真：(02)2911-0053

■ 2020 年 10 月 6 日初版一刷　　　　　　　　　　　　　Printed in Taiwan
定價 300 元

城邦讀書花園
www.cite.com.tw

商周出版

104　台北市民生東路二段141號2樓

英屬蓋曼群島商家庭傳媒股份有限公司城邦分公司　收

請沿虛線對摺，謝謝！

商周出版

| 書號：BU3105 | 書名：做自己的職場情緒教練 | 編碼： |

請於此處用膠水黏貼

 商周出版

讀者回函卡

感謝您購買我們出版的書籍！請費心填寫此回函卡，我們將不定期寄上城邦集團最新的出版訊息。

不定期好禮相贈！
立即加入：商周出版
Facebook 粉絲團

姓名：＿＿＿＿＿＿＿＿＿＿＿＿＿＿＿＿＿ 性別：□男 □女

生日：西元＿＿＿＿＿＿年＿＿＿＿＿＿月＿＿＿＿＿＿日

地址：＿＿＿＿＿＿＿＿＿＿＿＿＿＿＿＿＿＿＿＿＿＿＿

聯絡電話：＿＿＿＿＿＿＿＿＿ 傳真：＿＿＿＿＿＿＿＿＿

E-mail：

學歷：□ 1. 小學 □ 2. 國中 □ 3. 高中 □ 4. 大學 □ 5. 研究所以上

職業：□ 1. 學生 □ 2. 軍公教 □ 3. 服務 □ 4. 金融 □ 5. 製造 □ 6. 資訊

　　　□ 7. 傳播 □ 8. 自由業 □ 9. 農漁牧 □ 10. 家管 □ 11. 退休

　　　□ 12. 其他＿＿＿＿＿＿＿＿＿＿＿＿＿＿＿＿＿＿＿＿＿＿

您從何種方式得知本書消息？

　　　□ 1. 書店 □ 2. 網路 □ 3. 報紙 □ 4. 雜誌 □ 5. 廣播 □ 6. 電視

　　　□ 7. 親友推薦 □ 8. 其他＿＿＿＿＿＿＿＿＿＿＿＿＿＿＿＿

您通常以何種方式購書？

　　　□ 1. 書店 □ 2. 網路 □ 3. 傳真訂購 □ 4. 郵局劃撥 □ 5. 其他＿＿＿

您喜歡閱讀那些類別的書籍？

　　　□ 1. 財經商業 □ 2. 自然科學 □ 3. 歷史 □ 4. 法律 □ 5. 文學

　　　□ 6. 休閒旅遊 □ 7. 小說 □ 8. 人物傳記 □ 9. 生活、勵志 □ 10. 其他

對我們的建議：＿＿＿＿＿＿＿＿＿＿＿＿＿＿＿＿＿＿＿＿＿

＿＿＿＿＿＿＿＿＿＿＿＿＿＿＿＿＿＿＿＿＿＿＿＿＿＿＿＿

＿＿＿＿＿＿＿＿＿＿＿＿＿＿＿＿＿＿＿＿＿＿＿＿＿＿＿＿

請於此處用膠水黏貼